Smain El-Amine Henaoui

Le guide de la flore de Tlemcen (Algérie) Tome I

Smain El-Amine Henaoui

Le guide de la flore de Tlemcen (Algérie) Tome I

Presses Académiques Francophones

Impressum / Mentions légales
Bibliografische Information der Deutschen Nationalbibliothek: Die Deutsche Nationalbibliothek verzeichnet diese Publikation in der Deutschen Nationalbibliografie; detaillierte bibliografische Daten sind im Internet über http://dnb.d-nb.de abrufbar.
Alle in diesem Buch genannten Marken und Produktnamen unterliegen warenzeichen-, marken- oder patentrechtlichem Schutz bzw. sind Warenzeichen oder eingetragene Warenzeichen der jeweiligen Inhaber. Die Wiedergabe von Marken, Produktnamen, Gebrauchsnamen, Handelsnamen, Warenbezeichnungen u.s.w. in diesem Werk berechtigt auch ohne besondere Kennzeichnung nicht zu der Annahme, dass solche Namen im Sinne der Warenzeichen- und Markenschutzgesetzgebung als frei zu betrachten wären und daher von jedermann benutzt werden dürften.

Information bibliographique publiée par la Deutsche Nationalbibliothek: La Deutsche Nationalbibliothek inscrit cette publication à la Deutsche Nationalbibliografie; des données bibliographiques détaillées sont disponibles sur internet à l'adresse http://dnb.d-nb.de.
Toutes marques et noms de produits mentionnés dans ce livre demeurent sous la protection des marques, des marques déposées et des brevets, et sont des marques ou des marques déposées de leurs détenteurs respectifs. L'utilisation des marques, noms de produits, noms communs, noms commerciaux, descriptions de produits, etc, même sans qu'ils soient mentionnés de façon particulière dans ce livre ne signifie en aucune façon que ces noms peuvent être utilisés sans restriction à l'égard de la législation pour la protection des marques et des marques déposées et pourraient donc être utilisés par quiconque.

Coverbild / Photo de couverture: www.ingimage.com

Verlag / Editeur:
Presses Académiques Francophones
ist ein Imprint der / est une marque déposée de
OmniScriptum GmbH & Co. KG
Heinrich-Böcking-Str. 6-8, 66121 Saarbrücken, Deutschland / Allemagne
Email: info@presses-academiques.com

Herstellung: siehe letzte Seite /
Impression: voir la dernière page
ISBN: 978-3-8381-4695-9

Copyright / Droit d'auteur © 2014 OmniScriptum GmbH & Co. KG
Alle Rechte vorbehalten. / Tous droits réservés. Saarbrücken 2014

Le guide de la flore de Tlemcen (Algérie)
Tome I

Sommaire

Ampelodemos mauritanicus...1
Asphodelus ramosus..2
Asparagus acutifolius..3
Asparagus albus..4
Asparagus stipularis..5
Asparagus officinalis...6
Ajuga iva..7
Anthyllis tetraphylla..8
Anthyllis vulneraria...9
Asperula hirsuta...10
Arbutus unedo..11
Avena sterilis..12
Anagallis monelli...13
Anagallis arvensis subsp. *arvensis*..14
Asteriscus maritimus..15
Acanthus mollis..16
Atractylis humilis...17
Adonis annua..18
Astragalus lusitanicus..19
Atractylis cancellata..20
Antirrhinum orontium..21
Atractylis gummifera...22
Ammoides pusilla...23
Arisarum vulgare..24
Aristolochia baetica...25
Ajuga chamaepitys...26
Aegilops triuncialis..27
Aristolochia paucinervis..28
Allium roseum..29
Allium nigrum..30
Allium subhirsutum..31
Biscutella didyma...32
Bellis annua..33

Brachypodium distachyon..34

Ballota hirsuta..35

Brassica nigra..36

Bromus rubens..37

Bromus madritensis..38

Bupleurum rigidum..39

Cistus monspeliensis..40

Cistus salviifolius...41

Cistus ladaniferus...42

Cistus albidus...43

Catananche lutea...44

Catananche caerulea..45

Chamaerops humilis..46

Cerinthe major...47

Cephalaria leucantha...48

Clematis flammula..49

Cytisus infestus subsp. *Intermedius*..50

Dactylis glomerata..51

Daphne gnidium...52

Dianthus broteri...53

Delphinium peregrinum..54

Daucus carota..55

Echium vulgare..56

Euphorbia helioscopia..57

Erodium moschatum...58

Erica arborea...59

Erica multiflora..60

La structure de la plante

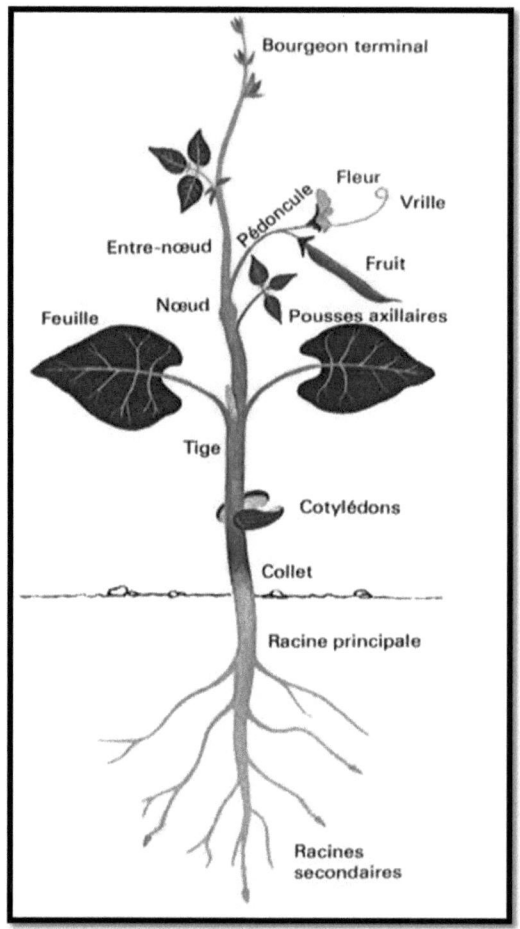

La structure de la racine

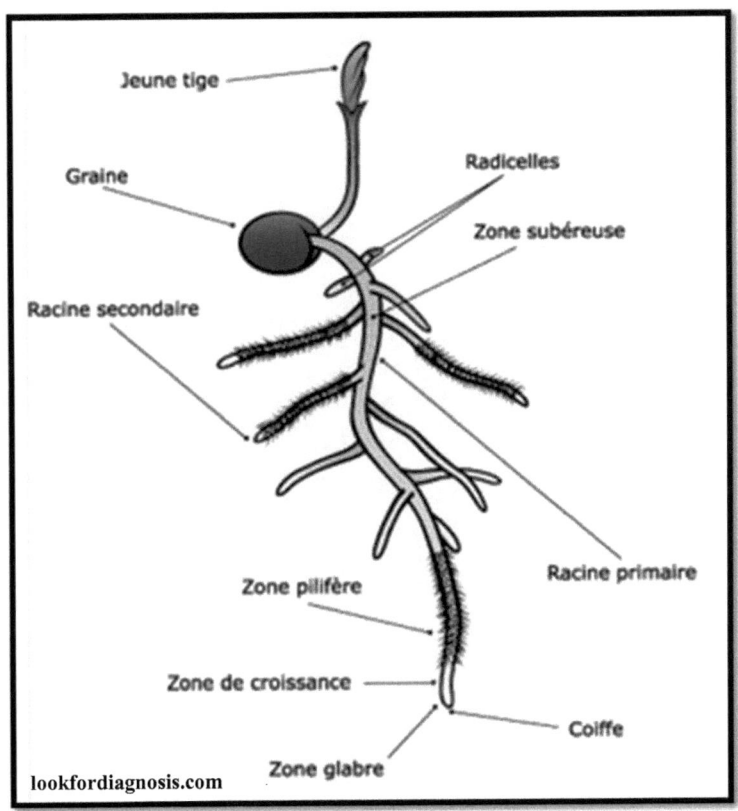

Schéma de la fleur

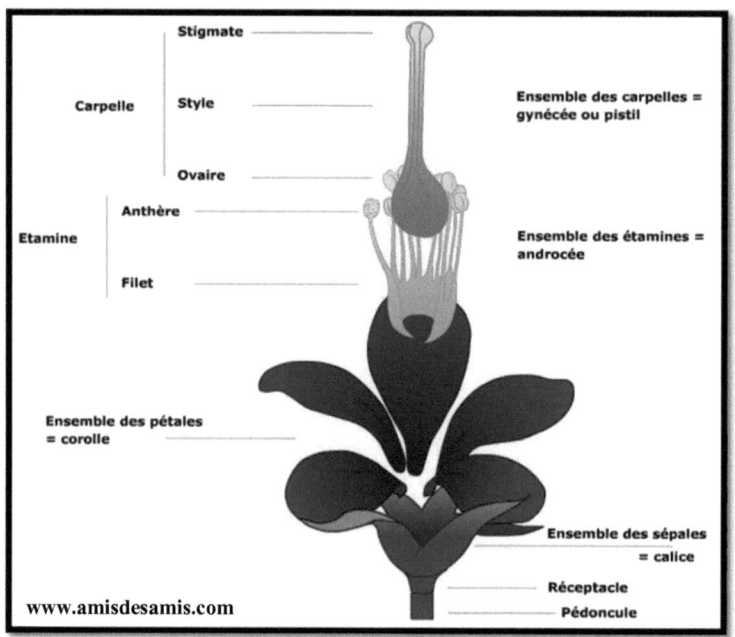

Schéma de la feuille

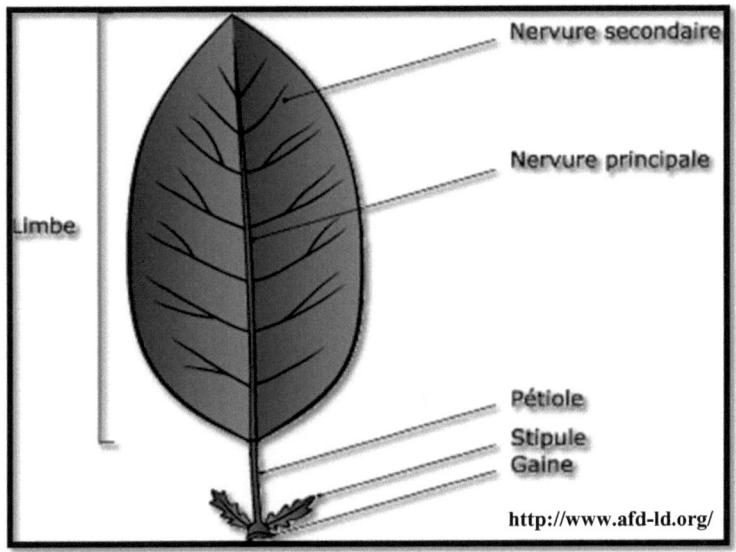

http://www.afd-ld.org/

Schéma d'un fruit

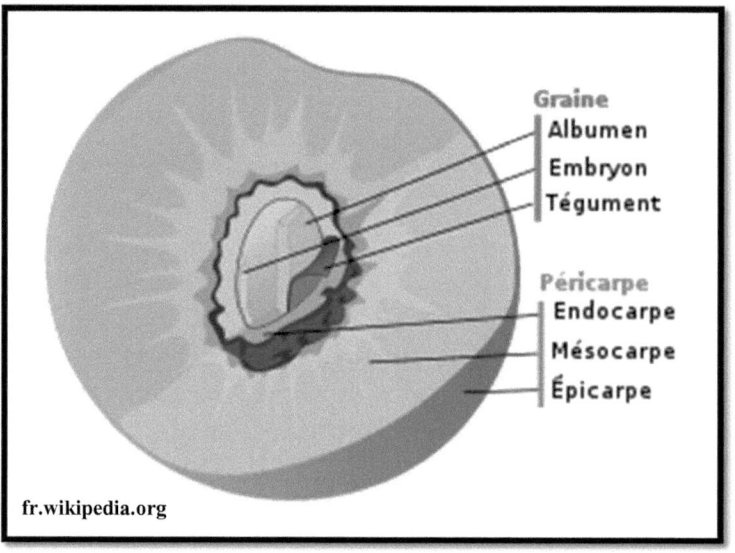

Types d'inflorescences

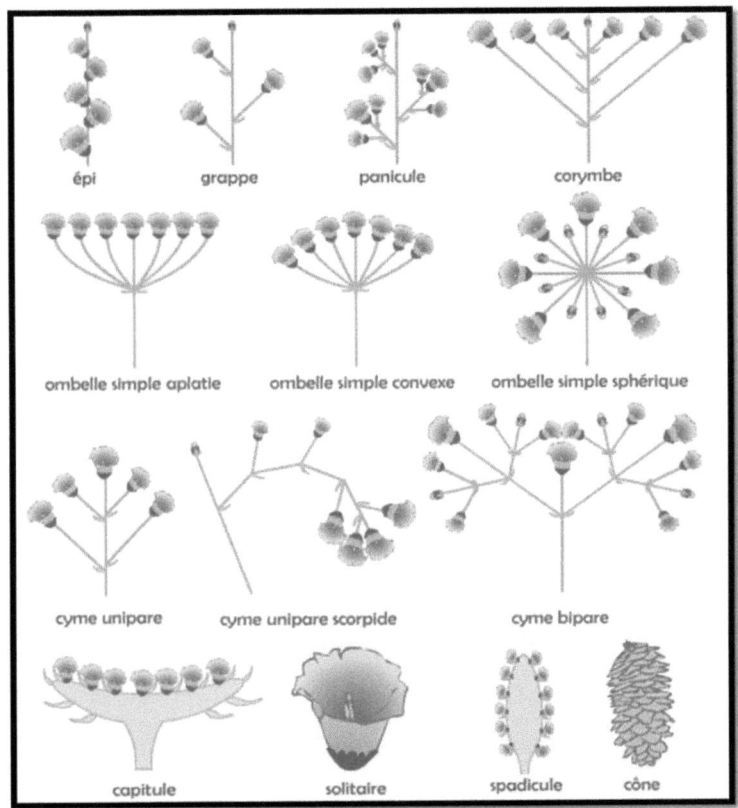

http://static.jardipedia.com/

Ampelodesmos mauritanicus (Poir.) T.Durand & Schinz., (1894) « Diss »

1) Systématique
Classification phylogénétique APG III (2009)
Règne : Plantae
Clade : Angiospermes
Clade : Monocots
Clade : Commelinidées
Ordre : Poales
Famille : Poaceae **(R.Br.) Barnh., 1895**
Sous-Famille : Pooideae
Genre : *Ampelodesmos* **(Link, 1827)**

2) Description botanique
- Plante herbacée vivace, hermaphrodite, peut atteindre 2 à 3 m de hauteur, tige robuste dressée.
- Géophyte à rhizomes courts et fortement cespiteuse.
- Les feuilles sont persistantes, rudes au toucher, simples et alternes, linéaires avec un bord entier et à nervure parallèle, la ligule est membraneuse, lancéolée et à bord cilié.
- L'inflorescence est une panicule d'épillets de 2 à 5 fleurs vertes, 3 étamines, stigmates latéraux. Fleurs de couleur violette.
- Fruit : caryopse velu au sommet, subcylindrique, sillonné.
- Les glumes légèrement inégales sont souvent rougeâtres.
- Les glumelles présentent des poils. Fruit : Caryopse.

3) Autres informations
Origine : Bassin méditerranéen et l'Afrique du Nord-Ouest. **Chorologie :** Méditerranéen occidental. **Lieux :** Forêts, broussailles, Tell **(Quézel et Santa, 1963)**. **Floraison :** de Juin à Juillet. **Ex-Famille :** Graminées. **Synonymes :** *Ampelodesma mauritanica* **Th. Dur. & Schinz.**, *Arundo mauritanica* **Poir., (1789)**, *Donax ampelodesmos* **(Cirillo.) Trin., (1820)**, *Ampelodesma mauritanicum* **(Poir.) Th. Dur. & Schinz.**, *Ampelodesmos tenax* **(Vahl.) Link., (1827)**.
Ecologie : Elle pousse sur des sols frais et préfère des expositions ensoleillées. C'est une espèce mésophyle présentant un maximum de développement dans les formations à matorral. Elle reste indifférente à la nature du substrat **(Damerdji, 2012)**. **Bioclimat :** semi-aride supérieur **(Henaoui et Bouazza, 2014 ; Benabadji et Bouazza, 2000)**.

Asphodelus ramosus L., (1753) « Asphodèle »

1) Systématique
Classification phylogénétique APG III (2009)
Règne : Plantae
Clade : Angiospermes
Clade : Monocots
Ordre : Asparagales
Famille : Xanthorrhoeaceae **(Dumort., 1829)**
Sous-Famille : Asphodeloideae
Genre : *Asphodelus* **L., (1753)**
Espèce : *Asphodelus ramosus* **L., (1753)**
  = *Asphodelus microcarpus* **Viv., (1824)**

2) Description botanique
- Plante herbacée vivace monocotylédone, géophyte, hermaphrodite. La racine, tubéreuse, comestible. Feuilles simples et basales ; elles sont linéaires avec un bord entier.
- Le feuillage se présente sous forme d'une rosette de feuilles radicales, étroites et linéaires, à extrémité pointue. De cette rosette émerge une tige nue portant une hampe florale plus ou moins ramifiée. Inflorescence : Racème simple.
- Les fleurs sont groupées en grappes fleurissant du bas vers le haut. Elles sont formées de six tépales (trois sépales et trois pétales ayant la même forme et la même couleur). Elles sont en général blanches, chaque pétale portant une strie centrale rose ou brune.
- Les six longues étamines, à filet blanc portent des anthères orange ou brunes.
- Les fruits sont des capsules rondes vertes ou brun-orange, de déhiscence loculicide.

3) Autres informations
- **Ecologie :** Cette plante pousse autour du bassin méditerranéen. Elle a une prédilection pour les sols calcaires. Elle pousse aussi sur des sols secs et elle préfère les expositions ensoleillées. Le substrat doit être sableux-graveleux. **Ex-Famille :** Liliacées. **Floraison :** Juin-Juillet. **Chorologie :** Méditerranéen occidental.
- **Lieux :** Forêts, pâturages, Tell et les hauts plateaux **(Quézel et Santa, 1963)**.

Asparagus acutifolius L., (1753)
« Asperge sauvage, Asperge à feuilles piquantes »

1) Systématique
Classification phylogénétique APG III (2009)
Règne : Plantae
Clade : Angiospermes
Clade : Monocots
Ordre : Asparagales
Famille : Asparagaceae **(Juss., 1789)**
Sous-Famille : Asparagoideae
Genre : *Asparagus* **L., (1753)**

2) Description botanique
- Plante ligneuse grimpante atteignant ou dépassant 1 mètre, buissonnante, à turions grêles un peu amers. Tige et rameaux flexueux, cylindracés, striés, grisâtres, pubescents, rudes. Feuilles persistantes, alternes, aciculaires.
- Cladodes courts (3-0 mm), en alêne, raides, mucronés, piquants, persistants, fascicules en étoile par 5-12 à l'aisselle d'une petite écaille prolongée en éperon court et piquant.
- Fleurs à six pétales, jaune-verdâtres, odorantes, dioïques, solitaires ou géminées, à pédoncules courts, articulés vers le milieu, les fructifères à article supérieur un peu plus épais.
- Anthères oblongues, mucronulées, 1-2 fois plus courtes que le filet.
- Haie noire, du volume d'un petit pois, à 1-2 graines.

3) Autres informations
- **Répartition :** Toute la région méditerranéenne.
- **Floraison :** Juillet-Octobre. **Ex-Famille :** Liliacées.
- **Lieux :** Forêts, broussailles, Tell **(Quézel et Santa, 1963)**.
- **Ecologie :** Lieux secs et arides. Cette pousse sur des sols humides et préfère une exposition semi-ombragée. Le substrat doit être limono-sableux ou limono-graveleux. Elle supporte des températures jusqu'á -12°C.

Asparagus albus L., (1753) « Asperge blanche, Asperge à tiges blanches »

1) Systématique
Classification phylogénétique APG III (2009)
Règne : Plantae
Clade : Angiospermes
Clade : Monocots
Ordre : Asparagales
Famille : Asparagaceae **(Juss., 1789)**
Sous-Famille : Asparagoideae
Genre : *Asparagus* **L., (1753)**

2) Description botanique
- Arbuste dense et buissonnant, robuste et touffu de 50 cm à 1 mètre, à feuilles persistantes, à tige et rameaux très épineux, anguleux, flexueux, blancs, glabres. Feuilles persistantes, alternes.
- Cladodes longs de 12-20 mm, linéaires à 3-4 angles, mous, un peu charnus, caducs, fasciculés par 8-12 à l'aisselle d'une petite écaille terminée à la base par une forte épine blanche très étalée ou réfléchie.
- Fleurs blanches à six pétales, odorantes, hermaphrodites, en touffes, fasciculées par 6-12, à pédicelles droits articulés au-dessus de la base.
- Anthères violettes, mutiques, 1-2 fois plus courtes que le filet.
- Baie petite, de couleur rouge, à 1-2 graines.

3) Autres informations
- **Répartition :** Sardaigne, Sicile, Italie, Espagne et Portugal, Afrique septentrionale, canaries.
- **Floraison :** Août-Octobre. **Ex-Famille :** Liliacées. **Ecologie :** Rocailles, éboulis. Cet arbuste pousse sur des sols humides et préfère une exposition semi-ombragée. Le substrat doit être limono-sableux ou limono-graveleux. Il supporte des températures jusqu'á -12°C.
- **Lieux :** Forêts, broussailles, Tell **(Quézel et Santa, 1963)**.

Asparagus stipularis Forsk., (1775) « Sekkoum »

1) Systématique

Classification phylogénétique APG III (2009)
Règne : Plantae
Clade : Angiospermes
Clade : Monocots
Ordre : Asparagales
Famille : Asparagaceae **(Juss., 1789)**
Sous-Famille : Asparagoideae
Genre : *Asparagus* **L., (1753)**

2) Description botanique
- Plante herbacée glauque, atteignant 1 m. Feuilles moyennes, simples et alternes ; elles sont aciculaires et sessiles avec un bord entier.
- Feuilles réduites à des écailles et remplacées par des ramuscules aplatis (cladodes) linéaires.
- Cladodes de 0,5-5 cm de long très robustes, rigides, solitaires ou fasciculés 2-3, subcylindriques ou plus ou moins anguleux, terminés par une forte épine brune et oulnérante.
- Fleurs à six pétales, jaune-violacées. Elles s'organisent en ombelle.
- Baie noire à pruine bleue.

3) Autres informations
- **Lieux :** Broussailles, pâturages, steppes, forêts du littoral jusqu'à l'atlas saharien. Compris dans la moitié occidentale de l'Algérie **(Quézel et Santa, 1963)**. **Ex-Famille :** Liliacées.
- **Synonyme :** *Asparagus horridus* **L. Floraison :** Automne. **Ecologie :** Cette plante se trouve dans les garrigues sèches, les marges des champs et des routes. Elle pousse sur des sols frais et préfère une exposition ensoleillée. Elle supporte des températures seulement au-dessus d'au moins 1°C.

Asparagus officinalis L. (1753) « Asperge officinale »

1) Systématique
Classification phylogénétique APG III (2009)
Règne : Plantae
Clade : Angiospermes
Clade : Monocots
Ordre : Asparagales
Famille : Asparagaceae **(Juss., 1789)**
Genre : *Asparagus* **L., (1753)**

2) Description botanique
- Plante vivace de 50 cm à 1 mètre et plus, à rhizomes, glabre, à turions épais et à saveur douce. Tige herbacée, verte, dressée, cylindrique, à rameaux très étalés, lisses. Feuilles simples et alternes, aciculaires, la surface est glabre.
- Cladodes filiformes, lisses, mous, fascicules par 3-6 à l'aisselle d'une écaille membraneuse prolongée à la base en éperon très court.
- Fleurs vert jaunâtres, dioïques, solitaires ou géminées, penchées, à pédoncules articulés vers le milieu, les fructifères à article supérieur un peu plus épais.
- Anthères oblongues, mutiques, à peine plus courtes que le filet.
- Baie rouge, de la grosseur d'un pois, à plusieurs graines. Varie, dans les sables maritimes, à tige basse couchée-coudée à ramuscules raides et courts (*A. prostratus* **Demort.**).

3) Autres informations
- **Répartition** : Europe centrale et méridionale, Asie occidentale, Afrique septentrionale.
- **Lieux** : Tlemcen **(Quézel et Santa, 1963)**.
- **Synonyme** : *Asparagus hortensis* **Miller**
- **Floraison** : Mai-Juillet. **Ex-Famille** : Liliacées.
- **Ecologie** : Cette plante pousse sur des sols humides et préfère une exposition semi-ombragée. Le substrat doit être limono-sableux ou limono-graveleux. Elle supporte des températures jusqu'à -35°C.

Ajuga iva (L.) Shreb., (1774) « L'ivette musquée, Chendgoura »

1) Systématique
Classification phylogénétique APG III (2009)
Règne : Plantae
Clade : Angiospermes
Clade : Eudicots
Clade : Astéridées
Clade : Lamiidées
Ordre : Lamiales
Famille : Lamiaceae **(Martinov., 1820)**
Sous-Famille : Teucrioideae
Genre : *Ajuga* **L., (1753)**

2) Description botanique
- Plante vivace de 8-20 cm, ligneuse à la base, velue-blanchâtre, à odeur de musc.
- Tiges étalées-diffuses, rameuses et florifères dès la base, très feuillées.
- Feuilles toutes sessiles, linéaires-lancéolées, enroulées aux bords, entières ou un peu dentées au sommet.
- Fleurs purpurines, 2-4 par verticille à l'aisselle des feuilles et plus courtes qu'elles.
- Calice velu-laineux, à dents triangulaires-lancéolées, plus courtes que le tube.
- Corolle à tube en entonnoir, souvent avortée. Varie à fleurs jaunes, plante plus velue (*A. pseudo-iva* **Rob.**). Fruit : Tétrakènes.

3) Autres informations
Répartition : Région méditerranéenne. **Lieux :** Pelouses, Tell **(Quézel et Santa, 1963)**.
Floraison : Mai-Octobre. **Ex-Famille :** Labiées. **Ecologie :** On la trouve sur les sols sec et caillouteux, au bord des pistes, friches et lieux herbeux secs. En Algérie, elle est très abondante dans l'étage bioclimatique aride et semi-aride.

Tripodion tetraphyllum (L.) Fourr., (1868) « Tripodion »

1) Systématique
Classification phylogénétique APG III (2009)
Règne : Plantae
Clade : Angiospermes
Clade : Eudicots
Clade : Rosidées
Clade : Fabidées
Ordre : Fabales
Famille : Fabaceae **(Lindl., 1836)**
Genre : *Tripodion* **(Medik., 1787)** = *Anthyllis* **L., (1753)**
Espèce : *Tripodion tetraphyllum* **(L.) Fourr., (1868)**
    = *Anthyllis tetraphylla* **L., (1753)**

2) Description botanique
- Plante annuelle à tiges couchées ou ascendantes herbacées, hermaphrodite.
- Velues.
- Feuilles imparipennées, à 3-5 folioles très inégales, pubescentes, la terminale bien plus grande.
- Fleurs jaunâtres, subsessiles, 3-6 en glomérules lâches à l'aisselle des feuilles supérieures.
- Calice renflé en vessie, velu, a couverture droite, à 5 dents égales, bien plus courtes que le tube. Inflorescence : racème capituliforme.
- Etendard plus long que les ailes.
- Carène courbée, apiculée.
- Gousse oblongue, étranglée au milieu, arrondie et mucronée au sommet, velue à 2 graines grosses, oblongues, tuberculeuses.

3) Autres informations
- **Répartition :** Le genre est originaire du pourtour méditerranéen (Espagne, France méridionale, Italie). Région méditerranéenne de l'Europe, de l'Asie, de l'Afrique.
  Lieux : Pâturages, Tell **(Quézel et Santa, 1963)**.
- **Floraison :** Avril-Juillet. **Ex-Famille :** Papilionacées.
- **Synonymes :** Fabaceae = Leguminosae et Papilionaceae ; *Tripodion tetraphyllum* = *Anthyllis tetraphylla* **L. (Anthyllide à quatre feuilles)** et *Physanthyllis tetraphylla* **Boiss.**

Anthyllis vulneraria L., (1753) « Anthyllide vulnéraire »

1) Systématique
Classification phylogénétique APG III (2009)
Règne : Plantae
Clade : Angiospermes
Clade : Eudicots
Clade : Rosidées
Clade : Fabidées
Ordre : Fabales
Famille : Fabaceae **(Lindl., 1836)**
Genre : *Anthyllis* **L., (1753)**

2) Description botanique
- Plante vivace ou annuelle, à tiges couchées ou ascendantes, herbacées pubescentes.
- Feuilles imparipennées, les inférieures à 3-5 folioles très inégales, la terminale plus grande, les supérieures à 3-6 paires de folioles moins inégales.
- Fleurs jaunes, rougeâtres ou blanches, en têtes denses, souvent géminées, longuement pédonculées, entourées de bractées foliacées.
- Calice renflé en vessie, velu, a couverture oblique, à 2 lèvres, la supérieure à 2 dents, l'inférieure à 3, bien plus courtes que le tube.
- Etendard dépassant peu les ailes.
- Carène à peine courbée, obtuse.
- Gousse ovale, glabre, à 1-2 graines ovoïdes, lisses.
- Plante polymorphe.

3) Autres informations
- **Répartition** : Europe, Asie occidentale, Afrique septentrionale.
- **Lieux** : Tell **(Quézel et Santa, 1963)**.
- **Floraison** : Mai-Août. **Ex-Famille** : Papilionacées.
- **Ecologie** : On trouve cette plante dans les endroits ensoleillés, souvent en bord de mer.

Asperula hirsuta Desf., (1798)

1) Systématique

Classification phylogénétique APG III (2009)
Règne : Plantae
Clade : Angiospermes
Clade : Eudicots
Clade : Astéridées
Clade : Lamiidées
Ordre : Gentianales
Famille : Rubiaceae **(Juss., 1789)**
Sous-Famille : Rubioideae
Tribu : Rubieae
Genre : *Asperula* **L., (1753)**

2) Description botanique
- Les espèces de ce genre sont des espèces herbacées ou formant de petits buissons, rarement ligneux à la base.
- Les rameaux ont une section quadrangulaire.
- Les feuilles souvent dotées d'une stipule, sont disposées en verticilles de 4 à 14 ; elles peuvent être sessiles ou à pétiole très court.
- L'inflorescence varie selon les espèces (forme de thyrse, de panicule, de capitule ou de cyme) mais est toujours précédée de bractées, qui sont souvent soudées.
- Chaque fleur est petite, dotée ou non d'un pédicelle, est précédée d'une bractéole. Le calice est très réduit, quasiment absent. La corolle est colorée, de forme variant avec les espèces, mais toujours à pétales soudés à la base et à 5 (ou 4) lobes libres à l'extrémité. Les 4 ou 5 étamines s'insèrent au niveau de l'intérieur du tube formé par la corolle.
- L'ovaire est infère, à deux loges contenant un seul ovule. Le stigmate présente souvent deux lobes.
- Le fruit est un schizocarpe, à deux méricarpes produisant chacun un akène. Les akènes sont petits, contiennent un embryon courbe et un albumen dur.

3) Autres informations
Répartition : Europe, Asie, Afrique et Océanie. **Lieux** : Champs, broussailles, Tell et toutes les régions montagneuses **(Quézel et Santa, 1963)**. **Ecologie** : dans la région de Tlemcen (Nord-Ouest algérien), la famille des Rubiaceae est représentée par 3 genres et 3 espèces : *Asperula hirsuta* **Desf. (1798)**, *Rubia peregrina* **L. (1753)** et *Galium verum* **L. (1753)** **(Henaoui et Bouazza, 2012)**.

Arbutus unedo L., (1753) « Arbousier, Lendj»

1) Systématique

Classification phylogénétique APG III (2009)
Règne : Plantae
Clade : Angiospermes
Clade : Eudicots
Clade : Astéridées
Ordre : Ericales
Famille : Ericaceae **(Juss., 1789)**
Genre : *Arbutus* **L., (1753)**

2) Description botanique
- Arbrisseaux de 1 à 3 mètres, à tige dressée, à jeunes rameaux rouges, rudes et poilus.
- Feuilles persistantes, grandes, ovales-lancéolées, dentées en scie, pétiolées, coriaces, glabres et luisantes. Elles sont riches en tanins.
- Fleurs blanchâtres, vertes au sommet, en grappes rameuses coutres et larges.
- Calice à lobes subtriangulaires.
- Corolle à dents courtes.
- Filets des étamines velus à la base.
- Baies grosses, globuleuses, pendantes, hérissées de tubercules pyramidaux, à la fin rouges, à loges contenant chacune 4-5 graines.

3) Autres informations
- **Répartition :** Irlande, Europe méridionale, Asie occidentale, Afrique septentrionale.
- **Lieux :** Forêts, garrigues, Tell **(Quézel et Santa, 1963)**. **Floraison et fructification :** Octobre-Janvier. **Ecologie :** L'arbousier présente une racine pivotante, il préfère les sols acides, riches et bien drainés et une exposition ensoleillée. C'est un arbre de croissance lente rustique jusqu'à −15 °C, il est considérée comme sensible au feu et pyrophile.

Avena sterilis L., (1762) « Avoine sauvage»

1) Systématique
Classification phylogénétique APG III (2009)
Règne : Plantae
Clade : Angiospermes
Clade : Monocots
Clade : Commelinidées
Ordre : Poales
Famille : Poaceae **(R.Br.) Barnh., (1895)**
Sous-Famille : Pooideae
Tribu : Poeae
Sous-Tribu : Aveninae
Genre : *Avena* **L., (1753)**

2) Description botanique
- Plante annuelle de 60 cm, à 1m, 50cm, dressée, à racine fibreuse.
- Feuilles planes, glabres ou pubescentes, caduques, simples et alternes, elles sont linéaires avec un bord entier et à nervure parallèle. Ligule courte tronquée.
- Panicule étalée puis unilatérale, lâche, dressée ou un peu penchée, verte.
- Epillets horizontaux ou pendants, longs de 30-40 mm très ouverts, à 3-4 fleurs, les deux supérieures glabres et sans arête, l'inférieure seule articulée.
- Axe glabre, sauf à la base.
- Glumes presque égales, dépassant les fleurs, à 7-11 nervures.
- Glumelle inférieure jaunâtre, couverte de longs poils soyeux-fauves ou bruns, terminée par deux dents aiguës à arête dorsale tordue et genouillée, environ deux fois plus longues que les glumes. Varie à épillets plus petites (20-85 mm) et biflores (*Avena ludoviciana* **Durieu.**).
- Fruit : caryopse.

3) Autres informations
- **Répartition :** Région méditerranéenne.
- **Lieux :** Pâturages, steppes, cultures, clairières, partout **(Quézel et Santa, 1963)**.
- **Floraison et fructification :** Mai-Juillet. **Ex-Famille :** Graminées.

Lysimachia monelli (L.) U.Mann. & Anderb., (2009)
« Mouron de Monellus »

1) Systématique

Classification phylogénétique APG III (2009)
Règne : Plantae
Clade : Angiospermes
Clade : Eudicots
Clade : Astéridées
Ordre : Ericales
Famille : Primulaceae **(Batsch. ex Borkh., 1797)** = Myrsinaceae **(R.Br., 1810)**
Tribu : Lysimachieae
Genre : *Lysimachia* **L., (1753)** = *Anagallis* **L., (1753)**
Espèce : *Lysimachia monelli* **(L.) U.Mann. & Anderb., (2009)**
    = *Anagallis monelli* **L., (1753)**

2) Description botanique
- Plante vivace avec une base de tige ligneuse.
- Ses tiges atteignant 10 à 50 cm de hauteur.
- Feuilles alternes ou en verticille de 3 feuilles.
- Fleurs étalées, à pédoncule long de 2 à 3 cm.
- Fleurs bleu vif ou rouge vif.
- Les sépales sont plus courts que les pétales (ce qui le différencie d'*Anagallis foemina*).
- Fruit : pyxide.

3) Autres informations
- **Répartition :** Portugal, Espagne, France, Sardaigne, Sicile, Italie du Sud et Maghreb (Algérie, Tunisie, Maroc et Lybie). **Ecologie :** Terres cultivées, friches, bord des chemins.
- **Lieux :** Pelouses, broussailles **(Quézel et Santa, 1963)**.
- **Synonymes :** *Anagallis collina* **(Schousb.) Maire (1939)** ; *Anagallis maritima* **(Mariz & Samp.) Laínz (1968)** ; *Anagallis linifolia* **(L.) Maire (1939)** ; *Anagallis monelli* **L. (Mouron de monel)**.

Lysimachia arvensis subsp. *arvensis* (L.) U.Mann. & Anderb., (2009)
« Mouron des champs, Mouron rouge, Morgeline »

1) Systématique

Classification phylogénétique APG III (2009)
Règne : Plantae
Clade : Angiospermes
Clade : Eudicots
Clade : Astéridées
Ordre : Ericales
Famille : Primulaceae **(Batsch. ex Borkh., 1797)** = Myrsinaceae **(R.Br., 1810)**
Tribu : Lysimachieae
Genre : *Lysimachia* = *Anagallis* **L., (1753)**
Espèce : *Lysimachia arvensis* = *Anagallis arvensis* **L., (1753)**
Sous-Espèce : *Lysimachia arvensis* subsp. *arvensis* **(L.) U.Mann. & Anderb., (2009)**
Variété : *Anagallis arvensis* subsp. *arvensis* var. *phoenicea* **(L.) Vollm., (1904)**[1]
Anagallis arvensis subsp. *arvensis* var. *latifolia* **(L.) Arcang., (1894)**[2]

2) Description botanique
- Plante herbacée annuelle, glabre, très rameuse, hermaphrodite.
- Tiges diffuses ou étalées-ascendantes, quadrangulaires.
- Feuilles opposées, ovales ou lancéolées, étalées, parfois verticillées, ponctuées de glandes, ponctuées de noir en dessous, sessiles, à 3-5 nervures.
- Inflorescence : racème simple. Fleurs solitaires sur des pédoncules opposés, filiformes, égalant ou dépassant peu les feuilles, à la fin recourbés en crochet.
- Calice à lobes lancéolés-acuminés, à bords membraneux.
- Pétales de couleur rouge (var. *phoenicea*) ou bleu (var. *latifolia*). Corolle assez petite, en roue, dépassant un peu le calice, à lobes finement crénelés ou ciliés-glanduleux.
- Capsule globuleuse, à peu près de la longueur du calice. Varie à fleurs rouges ou carnées.

3) Autres informations
- **Répartition :** Toute l'Europe, régions tempérées de tout le globe. **Floraison :** Avril-Octobre.
- **Ecologie :** Lieux cultivés et sablonneux. **Chorologie :** Cosmopolite.
- **Lieux :** Dans toute l'Algérie surtout dans tout le Tell **(Quézel et Santa, 1963)**.
- **Synonymes :** [1]*Anagallis phoenicia* **Scop., (1771)** ;
  [2]*Anagallis latifolia* **L., (1753)** = *Anagallis foemina* **Mill., (1768)**.

Pallenis maritima (L.) Greuter « Astérolide maritime »

1) Systématique

Classification phylogénétique APG III (2009)
Règne : Plantae
Clade : Angiospermes
Clade : Eudicots
Clade : Astéridées
Ordre : Astérales
Famille : Asteraceae **(Bercht & J.Presl., 1820)**
Tribu : Astereae
Genre : *Asteriscus* **Mill., (1913)**
Espèce : *Pallenis maritima* **(L.) Greuter**
   = *Asteriscus maritimus* **(L.) Less.**

2) Description botanique
- Souche vivace, ligneuse.
- Plante ordinairement velue.
- Tiges de 10-25 cm dressées, ascendantes ou couchées, simples ou rameuses, non dichotomes.
- Feuilles obovales-oblongues ou spatulées, entières, non mucronées, toutes pétiolées ou les supérieures sessiles mais longuement atténuées, jamais demi-embrassantes.
- Involucre à folioles extérieures oblongues ou spatulées, égalant à peu près les ligules.
- Ecailles du réceptacle linéaires, acuminées.
- Akènes des ligules non ailés.
- Capitules accompagnés de 1-2 feuilles à la base.
- Fleurs jaunes.

3) Autres informations
- **Répartition :** Presque toute la région méditerranéenne.
- **Ecologie :** Rochers, lieux pierreux maritimes. **Chorologie :** Méditerranéen.
- **Lieux :** Rochers, coteaux pierreux de l'intérieur, falaises maritimes, Tell « Polymorphe » **(Quézel et Santa, 1963)**.
- **Floraison :** Mai-Juillet. **Ex-Famille :** Composées.
- **Synonyme :** *Buphthalmum maritimum* **L.**

Acanthus mollis L. (1753) « Acanthe à feuilles molles »

1) Systématique
Classification phylogénétique APG III (2009)
Règne : Plantae
Clade : Angiospermes
Clade : Eudicots
Clade : Astéridées
Clade : Lamiidées
Ordre : Lamiales
Famille : Acanthaceae **(Juss., 1789)**
Genre : *Acanthus* **L., (1753)**

2) Description botanique
- Plante vivace de 30-80 cm, pubescente, à tige robuste, simple, arrondie.
- Feuilles opposées, les inférieures pétiolées, très grandes (30-60 cm de long), molles, pennatifides, à divisions larges, lobées-dentées.
- Fleurs blanchâtres à nervures purpurines, très grandes (3-5 cm de long), sessiles en gros épis terminaux munis de larges bractées épineuses.
- Calice glabre, à 4 lobes inégaux, fendu presque jusqu'à la base en 2 lèvres.
- Corolle unilabiée, à tube très court, à lèvre inférieure parcheminée, obovale-trilobée.
- 4 étamines didynames, à gros filets épais, à anthères uniloculaires velues. Style filiforme, stigmate bifide.
- Capsule glabre, ovale, à 2 loges et à 2-4 graines grosses.

3) Autres informations
- **Répartition** : Europe méditerranéenne, Afrique septentrionale.
- **Ecologie** : Lieux frais. **N.B** : Plante épineuse qui aime le soleil.
- **Lieux** : Broussailles, ravins, Tell **(Quézel et Santa, 1963)**. **Floraison** : Mai-Août.

Atractylis humilis L. (1753) « Atractyle humble »

1) Systématique
Classification phylogénétique APG III (2009)
Règne : Plantae
Clade : Angiospermes
Clade : Eudicots
Clade : Astéridées
Clade : Campanulidées
Ordre : Astérales
Famille : Asteraceae **(Bercht & J.Presl., 1820)**
Sous-Famille : Carduoideae
Tribu : Cardueae
Sous-Tribu : Carlininae
Genre : *Atractylis* **L., (1753)**

2) Description botanique
- Plante vivace à souche ligneuse de 530 cm, dressée.
- Tige simple et monocéphale très feuillée, accompagnée de tiges courtes non florifères.
- Feuilles dures, coriaces, sessiles, étroites, linéaires, régulièrement pennatifides à dents raides, épineuses.
- Involucre à folioles extérieures appliquées, semblables aux feuilles, les intérieures entières scarieuses, tronquées ou émarginées au sommet subitement mucroné à pointe purpurine, les moyennes obovales-oblongues, les intérieures linéaires.
- Akènes couverts de poils blancs, laineux.
- Fleurs purpurines, les extérieures plus longues.

3) Autres informations
- **Répartition :** Espagne.
- **Ecologie :** Lieux pierreux.
- **Lieux :** Forêts pâturages pierreux, steppes **(Quézel et Santa, 1963)**.
- **Floraison :** Juillet-Septembre. **Ex-Famille :** Composées.

Adonis annua L. (1753) « Adonide Goutte-de-Sang, Adonide annuelle »

1) **Systématique**

Classification phylogénétique APG III (2009)
Règne : Plantae
Clade : Angiospermes
Clade : Eudicots
Ordre : Ranunculales
Famille : Ranunculaceae **(Juss., 1789)**
Genre : *Adonis* **L., (1753)**

2) **Description botanique**
- Plante annuelle toxique dressée de 20-50 cm, c'est une adventice des champs des céréales.
- Feuillage : caduc vert acide à vert de gris. Feuilles alternes, sessiles engainantes tripennées à folioles multifides filiformes.
- Fleurs isolées et longuement pétiolées de 2 à 3 cm de diamètre.
- La corolle plane est rouge sang foncé. Son centre est noir.
- 5 sépales rabattus sur la corolle.
- 5 à 8 pétales étalés.
- Nombreuses étamines noires isolées.
- Nombreux carpelles à bec.
- Fruit : nombreux akènes formant une verte frutescence ovoïde.

3) **Autres informations**
- **Origine :** Afrique du nord, Sud-Est de l'Asie, Sud de l'Europe.
- **Ecologie :** Sol léger, humifère, bien drainé et plutôt sec, de préférence calcaire.
- **Lieux :** Champs cultivés, Tell **(Quézel et Santa, 1963)**.
- **Floraison :** Avril-Juillet.

Erophaca baetica (L.) Boiss., (1840)

1) Systématique

Classification phylogénétique APG III (2009)
Règne : Plantae
Clade : Angiospermes
Clade : Eudicots
Clade : Rosidae (Rosidées)
Ordre : Fabales
Famille : Fabaceae **(Lindl., 1836)**
Sous-Famille : Faboideae
Tribu : Galegeae
Genre : *Erophaca* **(Boiss., 1840)** = *Astragalus* **L., (1753)**
Espèce : *Erophaca baetica* **(L.) Boiss., (1840)**
    = *Astragalus lusitanicus* **Lam., (1783)**

2) Description botanique
- Plante vivace en touffes de 50-80 cm, à grosse souche ; velue et soyeuse.
- Feuilles composées d'un nombre impair de folioles.
- Fleurs blanc-jaunâtre, en grappes denses.
- Fruit : gousse veloutée, de 5 à 8 cm.

3) Autres informations
- **Répartition** : Afrique du nord, Sud-Est de l'Asie et Péninsule ibérique.
- **Ecologie** : Sol calcaire et drainant. C'est une plante typique des chênaies, toxique à l'état frais.
- **Lieux** : Forêts claires, broussailles, Tell algéro-oranais **(Quézel et Santa, 1963)**.
- **Floraison** : Printemps. **Ex-Famille** : Papilionacées.

Atractylis cancellata L. (1753) « Atractyle en streillis »

1) Systématique
Classification phylogénétique APG III (2009)
Règne : Plantae
Clade : Angiospermes
Clade : Eudicots
Clade : Astéridées
Clade : Campanulidées
Ordre : Astérales
Famille : Asteraceae **(Bercht & J.Presl., 1820)**
Sous-Famille : Carduoideae
Tribu : Cardueae
Sous-Tribu : Carlininae
Genre : *Atractylis* **L., (1753)**

2) Description botanique
- Plante annuelle à racine grêle, herbacée.
- Tige grêle de 5-20 cm dressée, ordinairement rameuse à rameaux étalés, quelques fois simple, un peu cotonneuse.
- Feuilles molles, pubescentes-aranéeuses ou cotonneuses, entières, bordées de petites cils à peine épineux, sessiles, lancéolées-linéaires ou linéaires.
- Involucre à folioles extérieures pennatiséquées à épines grêles, subulées, les moyennes lancéolées, entières, ainsi que les intérieures presque linéaires.
- Akènes velus.
- Fleurs purpurines, les extérieures plus longues.

3) Autres informations
- **Répartition** : Portugal, Espagne, Sardaigne, Sicile, Ligurie, Grèce, Syrie, Perse, Algérie.
- **Ecologie** : Lieux très arides.
- **Lieux** : Forêts pâturages, champs **(Quézel et Santa, 1963)**.
- **Floraison** : Mai-Juillet. **Ex-Famille** : Composées.

Misopates orontium (L.) Raf., (1840) « Muflier des champs »

1) Systématique
Classification phylogénétique APG III (2009)
Règne : Plantae
Clade : Angiospermes
Clade : Eudicots
Clade : Astéridées
Ordre : Lamiales
Famille : Plantaginaceae **(Juss., 1789)**
Genre : *Misopates* **Rafin (1840)** = *Antirrhinum* **L., (1753)**
Espèce : *Misopates orontium* **Raf., (1840)**
    = *Antirrhinum orontium* **L., (1753)**

2) Description botanique
- Plante annuelle de 20-50 cm, plus ou moins velue, à racine grêle.
- Tige dressée, simple ou rameuse, glanduleuse dans le haut.
- Feuilles opposées ou alternes, glabres ou poilues, lancéolées ou linéaires, atténuées en court pétiole, entières, noircissant par la dessiccation.
- Fleurs roses à palais jaunâtre, assez petites, axillaires, solitaires, subsessiles, isolées ou en grappe spiciforme interrompue et feuillée.
- Calice velu, à lobes linéaires, très inégaux, égalant ou dépassant la corolle.
- Corolle de 10-15 mm, à tube velu.
- Capsule oblique ovale, velue, plus courte que le calice.

3) Autres informations
- **Répartition :** Europe, Asie occidentale, jusqu'à l'Himalaya, Afrique septentrionale.
- **Ecologie :** Lieux cultivés et sablonneux.
- **Lieux :** Cultures, pelouses **(Quézel et Santa, 1963)**.
- **Floraison :** Juin-Septembre. **Ex-Famille :** Scrofulariacées.

Carlina gummifera (L.) Less., (1832) « Atractyle »

1) Systématique

Classification phylogénétique APG III (2009)
Règne : Plantae
Clade : Angiospermes
Clade : Eudicots
Clade : Astéridées
Clade : Campanulidées
Ordre : Astérales
Famille : Asteraceae **(Bercht & J.Presl., 1820)**
Sous-Famille : Carduoideae
Tribu : Cardueae
Sous-Tribu : Carlininae
Genre : *Carlina* **L., (1753)** = *Atractylis* **L., (1753)**
Espèce : *Carlina gummifera* **(L.) Lessing (1832)**
   = *Atractylis gummifera* **L., (1753)**

2) Description botanique
- Plante vivace à tige nulle ou presque nulle ; la racine est pivotante, volumineuse, qui classe cette espèces dans les géophytes à rhizomes.
- Capitule solitaire au centre d'une rosette de feuilles grandes et appliquées sur le sol. Celles-ci presque glabres oblongues-lancéolées profondément pennatipartites ou pennatiséquées à segments épineux.
- Involucre gros, 7-8 cm de diamètre, à folioles extérieures linéaires-lancéolées, pennatiséquées, épineuses, les moyennes oblongues-lancéolées, entières, ciliées, terminées par une pointe épineuse, les intérieures linéaires, aiguës, ciliées, violacées dans leur moitié supérieure, plus courte que les fleurs. Akènes couverts de longs poils jaunes dressés.

3) Autres informations
- **Répartition :** Portugal, Espagne, Sardaigne, Italie, Grèce, Algérie. **Ecologie :** Friches, bords des champs et des chemins. Dans la région de Tlemcen (Nord-Ouest algérien), la famille des Asteraceae est représentée par 33 genres et 51 espèces **(Henaoui et Bouazza, 2012)**.
- **Lieux :** Forêts, broussailles, pâturages, Tell **(Quézel et Santa, 1963)**.
- **Floraison :** Août-Septembre. **Ex-Famille :** Composées.

Ammoides pusilla (Brot.) Breistr., (1947) « Faux Ammi fluet, Nûnkha »

1) **Systématique**

Classification phylogénétique APG III (2009)
Règne : Plantae
Clade : Angiospermes
Clade : Eudicots
Clade : Astéridées
Clade : Campanulidées
Ordre : Apiales
Famille : Apiaceae **(Lindl., 1863)**
Genre : *Ammoides* **Adans.** = *Ptychotis* **Koch., (1824)**
Espèce : *Ammoides pusilla* **(Brot.) Breistr., (1947)**
= *Ammoides verticillata* **Briq., (1914)**
= *Ptychotis ammoides* **W.D.J.Koch., (1824)**
= *Ptychotis verticillata* **Duby., (1828)**

2) **Description botanique**
- Plante annuelle de 15-35 cm, glaucescente, à racine grêle, pivotante.
- Tige dressée, striée, grêle, à nombreux rameaux étalés.
- Feuilles radicales pennatiséquées, à 3-5 segments très rapprochés, étroits, trifides, les caulinaires découpées en lanières capillaires paraissant verticillées.
- Ombelles petites, penchées avant la floraison, à 6-12 rayons capillaires, très inégaux, les intérieures très courts.
- Involucre nul. Involucelle à 5 folioles inégales, 3 sétacées, 2 spatulées et aristées.
- Styles réfléchis, égalant le stylopode.
- Fruit : akène petit, ovoïde.

3) **Autres informations**
- **Répartition** : Europe méditerranéenne, Afrique septentrionale (Algérie, Tunisie). **Ecologie** : Coteaux rocailleux et argileux arides de la plaine et des basses montagnes. **Lieux** : Forêts, champs, pelouses **(Quézel et Santa, 1963)**. **Floraison** : Mai-Juillet. **Ex-Famille** : Ombellifères.
- **Synonymes** : *Apium ammios* **Caruel., (1889)** ; *Carum ammoides* **(W.D.J. Koch.) Ball., (1878)**.

Arisarum vulgare Targ. Tozz., (1810) « Arisarum, Capuchon de moine »

1) **Systématique**
Classification phylogénétique APG III (2009)
Règne : Plantae
Clade : Angiospermes
Clade : Monocots
Ordre : Alismatales
Famille : Araceae **(Juss., 1789)**
Genre : *Arisarum* **Mill., (1754)**

2) **Description botanique**
- Plante vivace de 15-30 cm, glabre, à souche tubéreuse.
- Feuilles ovales en cœur ou hastées-sagittées, à pétioles très longs, grêles, maculés.
- Spathe de la grosseur du petit doigt, brune ou verdâtre, rayée de pourpre, tubuleuse-cylindrique jusqu'au milieu, courbée en capuchon et acuminée au sommet.
- Spadice libre, grêle, à massue terminale nue, verdâtre, recourbée en avant et saillante au-dessus du tube.
- Fleurs monoïques, contiguës, les mâles réduites à des étamines éparses, à filets courts et anthères à 1 loge.
- Les femelles 3-5 unilatérales au fond de la spathe, à style conique et stigmate en tête.
- Fruits : baies, en tête, verts, capsulaires, tronqués-hémisphériques, à 2-8 graines.

3) **Autres informations**
Répartition : Toute la région méditerranéenne. **Ecologie** : Lieux incultes du littoral méditerranéen. **Floraison** : Mars-Mai et Octobre-Novembre. **Lieux** : Circum-Méditerranéen **(Quézel et Santa, 1963). Synonyme** : *Arum arisarum* **L., (1753)**.

Aristolochia baetica (L.) Sp. Pl., (961) « Aristoloche »

1) Systématique
Classification phylogénétique APG III (2009)
Règne : Plantae
Clade : Angiospermes
Clade : Magnoliidées
Ordre : Piperales
Famille : Aristolochiaceae **(Juss., 1789)**
Genre : *Aristolochia* **L., (1753)**

2) Description botanique
- Plante vivace ligneuse rampante ou grimpante (long : 5m).
- Feuilles coriaces, vert foncé, cordiformes élargies à la base (long : 10 cm).
- Fleurs marron ou pourpre noirâtre, avec 6 étamines (long : 2-5 cm), sur des pédoncules glabres à l'aisselle des feuilles, plus sous moins dressées.
- Capsules pendantes à 6 valves.

3) Autres informations
- **Origine :** Algérie, Maroc, Portugal, Espagne.
- **Ecologie :** Tout sol, exposition au soleil. **N.B :** Toutes les parties de la plante sont toxiques.
- **Floraison :** Hiver, printemps.
- **Lieux :** Forêts, broussailles **(Quézel et Santa, 1963)**.
- **Synonyme :** *Aristolochia bracteolata* **Lam.**

Ajuga chamaepitys (L.) Shreb., (1773) « Petite ivette, Bugle jaune »

1) Systématique
Classification phylogénétique APG III (2009)
Règne : Plantae
Clade : Angiospermes
Clade : Eudicots
Clade : Astéridées
Clade : Lamiidées
Ordre : Lamiales
Famille : Lamiaceae **(Martinov., 1820)**
Sous-Famille : Teucrioideae
Genre : *Ajuga* **L., (1753)**

2) Description botanique
- Plante annuelle de 5-20 cm, entièrement herbacée, velue-hérissée, odeur forte.
- Tiges diffuses ascendantes, rameuses et florifères dès la base, très feuillées.
- Feuilles atténuées à la base, à 3 segments divariqués linéaires entiers, les inférieures seules entières ou trilobées.
- Fleurs jaunes, axillaires, géminées, longuement dépassées par les feuilles.
- Calice hérissé, à dents un peu inégales, lancéolées, aussi longues que le tube.
- Corolle à tube étroit et à peine saillant.
- Les fruits sont des tétrakènes.

3) Autres informations
- **Distribution :** Afrique du nord, Europe centrale et méridionale, Asie occidentale.
- **Ecologie :** Elle pousse sur des coteaux arides, généralement calcaire.
- **Floraison :** Avril-Octobre. **Ex-Famille :** Labiées.
- **Lieux :** Pelouses, rocailles **(Quézel et Santa, 1963)**.

Aegilops triuncialis L., (1753) « Égilope allongé »

1) Systématique
Classification phylogénétique APG III (2009)
Règne : Plantae
Clade : Angiospermes
Clade : Monocots
Clade : Commelinidées
Ordre : Poales
Famille : Poaceae **(R.Br.) Barnh., (1895)**
Sous-Famille : Pooideae
Tribu : Triticeae
Genre : *Aegilops* **L., (1753)**
Espèce : *Aegilops triuncialis* **L., (1753)**
Sous-Espèce : *Aegilops triuncialis* subsp. *persica* **(Boiss.) Eig., (1928)**
Variété : *Aegilops triuncialis* var. *triuncialis*

2) Description botanique
- Plante herbacées annuelle de 20-50 cm, velue, à racine fibreuse.
- Tiges en touffe (plante cespiteuse), ascendantes.
- Feuilles planes, rudes, linéaires, velues, de consistance molle et à l'extrémité pointue. Leur ligule est dentée.
- Epi long de 4-6 cm, linéaire-lancéolé, non fragile, vert pâle ou glauque.
- Epillets 4-7, le supérieur stérile, les autres fertiles, oblongs, non imbriqués, à peine renflés munis chacun de 4-8 arêtes dressées-étalées, plus longues dans le terminal et égalant 5-8 cm, lisses à la base.
- Glumes non ventrues, à 2-3 arêtes.
- Glumelles à 3 dents ou arêtes courtes, la principale très longue dans l'épillet terminal.
- 2-4 rudiments stériles à la base de l'épi. Fruit : caryopse.

3) Autres informations
- **Distribution :** Toute la région méditerranéenne. **Ecologie :** Lieux secs et arides.
- **Floraison :** Mai-Juillet. **Ex-Famille :** Graminées.
- **Lieux :** Broussailles, pâturages, champs, clairières, Tell **(Quézel et Santa, 1963)**.

Aristolochia paucinervis Pomel., (1874) « Aristoloche longue »

1) Systématique
Classification phylogénétique APG III (2009)
Règne : Plantae
Clade : Angiospermes
Clade : Magnoliidées
Ordre : Piperales
Famille : Aristolochiaceae **(Juss., 1789)**
Genre : *Aristolochia* **L., (1753)**
Espèce : *Aristolochia paucinervis* **Pomel., (1874)**
    = *Aristolochia longa* **(L.) Sp. Pl., (961)**

2) Description botanique
- Plante vivace glabrescente (haut : 20-50 cm), géophyte à tubercule.
- Tiges grêles, étalées, souvent rameuses.
- Feuilles ovales triangulaires (large : 3-5 cm), à la base cordée, aux marges entières.
- Fleurs solitaires, vert brunâtre, au périanthe glabrescent, à la languette lancéolée.
- Capsules ovales ou pyriformes, pendantes.

3) Autres informations
- **Distribution :** Afrique du nord, Europe méridionale (du Portugal jusqu'en Grèce) et occidentale.
- **Ecologie :** Friches, terrains secs, lieux incultes, champs.
- **Floraison :** Avril-Juin.
- **Chorologie :** Méditerranéen **(Quézel et Santa, 1963)**.

Allium roseum L., (1753) « Ail rose »

1) Systématique
Classification phylogénétique APG III (2009)
Règne : Plantae
Clade : Angiospermes
Clade : Monocots
Ordre : Asparagales
Famille : Amaryllidaceae **J.St.-Hil., (1805)**
Sous-Famille : Allioideae
Genre : *Allium* L., (1753)

2) Description botanique
- Plante herbacée vivace de 30-80 cm, glabre, à forte odeur d'ail.
- Bulbe moyen, ovoïde, entouré de nombreuses bulbilles blanches, à tunique brune alvéolée.
- Tige cylindrique, feuillée à la base.
- Feuilles 3-5, lancéolées-canaliculées, larges de 5-12 mm, un peu denticulées-rudes aux bords.
- Spathe à 3-5 lobes courts.
- Fleurs rose vif, grandes, en ombelle multiflore étalée parfois bulbillifère.
- Pédicelles 2-3 plus longs que la fleur.
- Périanthe de 10-12 mm, en cloche, à divisions elliptiques-oblongues, à la fin scarieuses.
- Etamines incluses, stigmate subaigu.
- Capsule incluse.

3) Autres informations
- **Distribution :** Région méditerranéenne. **Ecologie :** Champs, vignes, haies.
- **Floraison :** Avril-Juin.
- **Lieux :** Broussailles, pâturages, forêts **(Quézel et Santa, 1963)**.
- **Ex-Famille :** Liliacées.

Allium nigrum L., (1762) « Ail noir, Ail de Chine »

1) Systématique
Classification phylogénétique APG III (2009)
Règne : Plantae
Clade : Angiospermes
Clade : Monocots
Ordre : Asparagales
Famille : Amaryllidaceae **J.St.-Hil., (1805)**
Sous-Famille : Allioideae
Genre : *Allium* **L., (1753)**

2) Description botanique
- Plante vivace de 40-80 cm, glabre, à bulbe gros (3-4 cm), ovoïde, blanchâtre.
- Tige robuste, cylindrique, épaisse sous l'ombelle, nue jusqu'à la base.
- Feuilles 3-5, larges de 2-5 cm, un peu denticulées-rudes aux bords.
- Spathe à 2-4 lobes courts.
- Fleurs violettes, rarement blanchâtres, en ombelle serrée et très fournie parfois bulbillifère.
- Pédicelles égaux, 2-3 fois plus longs que la fleur.
- Périanthe d'un cm, étalé en étoile, à divisions lancéolées, à la fin réfléchies.
- Etamines incluses.
- Stigmate obtus.
- Capsule nue, noircissant.

3) Autres informations
- **Distribution :** Europe méridionale, Asie occidentale, Afrique septentrionale.
- **Ecologie :** Champs et vignes.
- **Floraison :** Avril-Juin.
- **Lieux :** Champs, pâturages, forêts **(Quézel et Santa, 1963)**.
- **Ex-Famille :** Liliacées.

Allium subhirsutum L., (1753) « Ail cilié »

1) Systématique
Classification phylogénétique APG III (2009)
Règne : Plantae
Clade : Angiospermes
Clade : Monocots
Ordre : Asparagales
Famille : Amaryllidaceae **J.St.-Hil., (1805)**
Sous-Famille : Allioideae
Genre : *Allium* **L., (1753)**

2) Description botanique
- Plante vivace de 20-50 cm, pubescente, à bulbe petit ovoïde-arrondi à tunique coriace brune.
- Tige grêle, cylindrique, munie au-dessus de la base de 2-3 feuilles linéaires-allongées, larges de 4-12 mm, planes, molles, velues-ciliées, plus courtes ou plus longues que l'ombelle.
- Spathe entière ou à 2-3 lobes plus courts que les pédicelles.
- Fleurs blanches, en ombelle lâche étalée.
- Pédicelles presque égaux, 2-4 fois plus longs que la fleur.
- Périanthe étalé, à divisions oblongues-lancéolées, à la fin réfléchies. Etamines incluses, à filets tous simples. Anthères rosées. Stigmate subaigu.
- Fruit : capsules de déhiscence loculicide.

3) Autres informations
- **Distribution :** Région méditerranéenne.
- **Ecologie :** Lieux pierreux de la région méditerranéenne.
- **Floraison :** Avril-Juin.
- **Lieux :** Rochers, rocailles, broussailles, forêts **(Quézel et Santa, 1963)**.
- **Ex-Famille :** Liliacées.

Biscutella didyma (L.) Sp. Pl., (1753) « Biscutelle »

1) Systématique
Classification phylogénétique APG III (2009)
Règne : Plantae
Clade : Angiospermes
Clade : Eudicots
Clade : Rosidées
Ordre : Brassicales
Famille : Brassicaceae **(Burnett., 1835)**
Genre : *Biscutella* **L., (1753)**

2) Description botanique
- Plante annuelle pubescente (haut : 40 cm).
- Feuilles basales elliptiques à obovales, à la base cunéiforme, aux marges dentées à subentières, feuilles caulinaires sessiles et lancéolées.
- Fleurs aux sépales oblongs, aux pétales obovaux et jaunes (long : 3 mm), groupées en racème terminal.
- Silicules didymes (long : 5-7 mm, large : 9-14 mm), aux valves orbiculaires.

3) Autres informations
- **Distribution** : Europe tempérée et méridionale, Asie occidentale (de Turquie et d'Arabie jusqu'en Irak), Afrique subtropicale (Egypte).
- **Ecologie** : Rocailles, friches, cultures.
- **Floraison** : Mars-Juin.
- **Lieux** : Pâturages **(Quézel et Santa, 1963)**.
- **Ex-Famille** : Crucifères.
- **Synonymes** : *Biscutella apula* **L., (1771)**, *B. ciliata* **DC., (1811)**, *B. columnae* **Ten., (1815)**.

Bellis annua L., (1753) « Pâquerette annuelle »

1) Systématique
Classification phylogénétique APG III (2009)
Règne : Plantae
Clade : Angiospermes
Clade : Eudicots
Clade : Astéridées
Ordre : Astérales
Famille : Asteraceae **(Bercht & J.Presl., 1820)**
Tribu : Astereae
Genre : *Bellis* **L., (1753)**

2) Description botanique
Plante annuelle ; racine annuelle à fibres très grêles ; tiges de 3-10 cm rarement plus, grêles, droites ou couchées à la base, ascendantes, flexueuses, pubescentes, simples ou plus ordinairement rameuses et feuillées à leur partie inférieure, longuement nues au sommet ; feuilles minces et molles, pubescentes, dentées ou crénelées dans leur moitié supérieure, obovales-spatulées, rétrécies en pétiole ; involucre herbacé à folioles ovales-lancéolées ; akènes très petites, velus ; capitules petites, 15 mm de diamètre environ, solitaires, terminaux ; ligules blanches, purpurines en dessous, oblongues-linéaires. Fruit : akène.

3) Autres informations
- **Distribution :** Espagne et littoral méditerranéen, Afrique septentrionale, Orient.
- **Ecologie :** Terrains salés, lieux frais, pelouses.
- **Floraison :** Février-Juin.
- **Lieux :** Terrains salés, lieux frais, pelouses, Tell **(Quézel et Santa, 1963)**.
- **Ex-Famille :** Composés.

Brachypodium distachyon (L.) P.Beauv., (1812)
« Brachypode à deux épis »

1) Systématique
Classification phylogénétique APG III (2009)
Règne : Plantae
Clade : Angiospermes
Clade : Monocots
Clade : Commelinidées
Ordre : Poales
Famille : Poaceae **(R.Br.) Barnh., (1895)**
Sous-Famille : Pooideae
Tribu : Brachypodieae
Genre : *Brachypodium* **P.Beauv., (1812)**

2) Description botanique
- Plante annuelle de 10-40 cm, poilue sur les nœuds, les feuilles, parfois sur les gaines et les épillets, à racine fibreuse.
- Tiges genouillées-ascendantes, raides, longuement nues au sommet, à nœud supérieur plus rapproché de la base que de l'épi.
- Feuilles d'un vert pâle, courtes, planes, scabres, dressées-étalées, simples et alternes, elles sont linéaires avec un bord entier et à nervure parallèle.
- Epi court, raide, dressé, formé de 1-5 épillets rapprochés.
- Glumelles égales, l'inférieure terminée par une arête un peu plus longue qu'elle dans toutes les fleurs et ne formant pas pinceau au sommet.
- Fruit : caryopse.

3) Autres informations
- **Distribution :** Toute la région méditerranéenne.
- **Ecologie :** Lieux secs et arides.
- **Floraison :** Mai-Juillet.
- **Lieux :** Broussailles, rocailles, pâturages, clairières, du littoral au grand Erg occidental **(Quézel et Santa, 1963)**.
- **Ex-Famille :** Graminées.

Ballota hirsuta Benth., (1834) « Ballote hérissée »

1) Systématique

Classification phylogénétique APG III (2009)
Règne : Plantae
Clade : Angiospermes
Clade : Eudicots
Clade : Astéridées
Ordre : Lamiales
Famille : Lamiaceae **(Martinov., 1820)**
Sous-Famille : Lamioideae
Tribu : Lamieae
Genre : *Ballota* **L., (1753)**

2) Description botanique
- Plante rameuse annuelle ou vivace, de 50 cm à 1m, 50 cm, entièrement couverte d'un duvet très court.
- Feuilles ovales ou arrondies à fortes nervures, un peu dentées, en cœur à la base du limbe, laineuses et grisâtres sur la face inférieure.
- Fleurs roses ou pourpres en glomérules denses à l'aisselle des feuilles, lèvre supérieure bifide.
- Les fruits sont des akènes.

3) Autres informations
- **Distribution :** Espèce méditerranéenne, Sahara central, commune dans le Hoggar.
- **Floraison :** Juillet-Septembre.
- **Lieux :** Rocailles **(Quézel et Santa, 1963)**.
- **Ex-Famille :** Labiées.

Brassica nigra (L.) W.D.J. Koch., (1833) « Moutarde noire »

1) Systématique
Classification phylogénétique APG III (2009)
Règne : Plantae
Clade : Angiospermes
Clade : Eudicots
Clade : Rosidées
Clade : Malvidées
Ordre : Brassicales
Famille : Brassicaceae **(Burnett., 1835)**
Tribu : Brassiceae
Genre : *Brassica* **L., (1753)**

2) Description botanique
- Plante annuelle, verte, velue-hérissée seulement à la base.
- Tige d'environ 1 mètre, dressée, à rameaux étalés.
- Feuilles toutes pétiolées, les inférieures lyrées, à lobe terminal très grand, les supérieures lancéolées, entières ou peu dentées.
- Fleurs assez grandes.
- Pédicelles courts, appliqués contre l'axe.
- Siliques appliquées, courtes, subtétragones, un peu bosselées, glabres.
- Valves à 1 forte nervure.
- Bec grêle, 4-5 fois plus court que les valves.
- Graines globuleuses, noires, ponctuées.

3) Autres informations
- **Distribution :** Europe centrale et méridionale, Asie occidentale, Afrique septentrionale.
- **Floraison :** Juillet-Septembre. **Ecologie :** Lieux vagues et cultures.
- **Lieux :** Cultures, lits d'Oueds, Tell algérien **(Quézel et Santa, 1963)**.
- **Ex-Famille :** Crucifères. **Chorologie :** Cosmopolite.

Anisantha rubens (L.) Nevski., (1934) « Brome rouge »

1) Systématique

Classification phylogénétique APG III (2009)
Règne : Plantae
Clade : Angiospermes
Clade : Monocots
Clade : Commelinidées
Ordre : Poales
Famille : Poaceae **(R.Br.) Barnh.**, (1895)
Sous-Famille : Pooideae
Tribu : Bromeae
Genre : *Anisantha* **C.Koch.**, (1848) = *Bromus* **L.**, (1753)
Espèce : *Anisantha rubens* (L.) Nevski., (1934)
    = *Bromus rubens* L., (1755)

2) Description botanique
- Plante annuelle de 20-60 cm, mollement pubescente, à racine fibreuse.
- Tiges raides, pubescentes et longuement nues au sommet.
- Feuilles pubescentes, rudes.
- Ligule ovale-oblongue.
- Panicule violacée-rougeâtre, courte, obovale, très dense, dressée, à rameaux et pédicelles très courts et dressés.
- Epillets très rapprochés, longs de 3-5 cm, oblongs en coin, peu comprimés, à 5-9 fleurs aristées divergentes.
- Glumes inégales, à 1-3 nervures.
- Glumelles inégales, l'inférieure lancéolée en alêne, carénée, à 5-7 nervures, bifide, à arête droite un peu plus longue qu'elle. Fruit : Caryopse.

3) Autres informations
- **Distribution :** Région méditerranéenne. **Chorologie :** Méditerranéen.
- **Floraison :** Mai-Juin. **Ecologie :** Champs et lieux sablonneux.
- **Lieux :** Steppes, broussailles, pâturages, forêts **(Quézel et Santa, 1963)**.
- **Ex-Famille :** Graminées.

Anisantha madritensis (L.) Nevski., (1934) « Brome de Madrid »

1) Systématique

Classification phylogénétique APG III (2009)
Règne : Plantae
Clade : Angiospermes
Clade : Monocots
Clade : Commelinidées
Ordre : Poales
Famille : Poaceae **(R.Br.) Barnh., (1895)**
Sous-Famille : Pooideae
Tribu : Bromeae
Genre : *Anisantha* **C.Koch., (1848)** = *Bromus* **L., (1753)**
Espèce : *Anisantha madritensis* **(L.) Nevski., (1934)**
= *Bromus madritensis* **L., (1755)**

2) Description botanique
- Plante annuelle de 10-50 cm, finement pubescente, à racine fibreuse.
- Tiges grêles, glabres ou pubérulentes et brièvement nues au sommet.
- Feuilles étroites, peu poilues, rudes.
- Ligule ovale-oblongue.
- Panicule violacée, ovale-oblongue, peu dense, dressée ou inclinée, à rameaux courts, dressés-étalés, réunis par 2-6.
- Epillets de 3-5 cm, oblongs en coin, scabres, dressés, à 7-11 fleurs aristées divergentes.
- Glumes très inégales, à 1-3 nervures.
- Glumelles inégales, l'inférieure lancéolée en alêne, carénée, faiblement nervée, bifide, à arête fine aussi longue quelle. . Fruit : Caryopse.

3) Autres informations
- **Distribution** : Toute la région méditerranéenne. **Chorologie** : Méditerranéen-Atlantique.
- **Floraison** : Mai-Juillet. **Ecologie** : Champs et lieux sablonneux.
- **Lieux** : Broussailles, pâturages, forêts **(Quézel et Santa, 1963)**.
- **Ex-Famille** : Graminées.

Bupleurum rigidum L., (1753) « Buplèvre raide »

1) Systématique
Classification phylogénétique APG III (2009)
Règne : Plantae
Clade : Angiospermes
Clade : Eudicots
Clade : Astéridées
Clade : Campanulidées
Ordre : Apiales
Famille : Apiaceae **(Lindl., 1863)**
Sous-Famille : Apioideae
Tribu : Bupleureae
Genre : *Beupleurum* **L., (1753)**

2) Description botanique
- Plante vivace de 30-80 cm, dressée, à souche brièvement rameuse.
- Tige raide, flexueuse, à rameaux nombreux, grêles, étalés.
- Feuilles rapprochées au bas de la tige, coriaces, longtemps persistantes, ovales ou oblongues, à nervures très saillantes dont 2 marginales, les supérieures petites, linéaires.
- Ombelles petites, à 2-5 rayons filiformes presque égaux.
- Involucre à 3-4 folioles linéaires.
- Involucelle à 5-6 folioles linéaires bien plus courtes que les ombellules.
- Fruit : akène ovoïde-oblong, à côtes fines et peu saillantes.
- Vallécules à 1 bandelette.

3) Autres informations
- **Distribution** : Portugal, Espagne, Algérie, Maroc.
- **Floraison** : Juillet-Septembre.
- **Ecologie** : Bois, garrigues et lieux stériles de la région méditerranéenne.
- **Lieux** : Broussailles, forêts, en Oranie **(Quézel et Santa, 1963)**.
- **Ex-Famille** : Ombellifères.

Cistus monspeliensis L., (1753) « Ciste de Montpellier »

1) Systématique
Classification phylogénétique APG III (2009)
Règne : Plantae
Clade : Angiospermes
Clade : Eudicots
Clade : Rosidées
Clade : Malvidées
Ordre : Malvales
Famille : Cistaceae **(Juss., 1789)**
Genre : *Cistus* **L., (1753)**

2) Description botanique
Arbuste ou arbrisseau de la garrigue, supportant bien une période d'aridité et appréciant les sols calcaires, d'environ 1 mètre, très odorant, verdâtre, dressé, à rameaux, pédoncules et calices velus-visqueux. Feuilles sessiles, lancéolées-linéaires, rugueuses-réticulées, trinervées, à bords enroulés. Fleurs très parfumées et pollénifères, de 2-3 cm blanches, 2-8 en grappe unilatérale sur un pédoncule toujours dressé. Inflorescence en cyme unipare hélicoïde. Sépales 5, ovales en cœur, égalant le pédicelle. Pétales blanches parfois colorées de jaune à leur base, 1 fois plus longs que le calice. Style très court. Capsule arrondie, déhiscentes, presque glabre, 2-3 fois plus courte que le calice qui la recouvre, à 5 loges. Graines nombreuses, un peu rugueuses.

3) Autres informations
Répartition : Région méditerranéenne occidentale de l'Europe et de l'Afrique jusqu'à la Grèce.
Ecologie : C'est une plante dont l'utilisation est fondamentale pour coloniser les terrains dégradés et arides car elle s'adapte parfaitement aux conditions difficiles des sols pauvres de la garrigue ainsi que des sols pauvres proches des zones côtières méditerranéennes. En freinant l'érosion de ceux-ci, elle ralentit leur désertification. Le ciste de Montpellier s'installe après la dégradation des forêts et maquis en particulier sous l'action répétée du feu. Plante extrêmement inflammable **(Henaoui et *al.*, 2013)**. **Floraison :** Avril-Juin. **Lieux :** Broussailles et forêts en terrain non calcaire **(Quézel et Santa, 1963)**.

Cistus salviifolius L., (1753) « Ciste à feuilles de sauge »

1) Systématique
Classification phylogénétique APG III (2009)
Règne : Plantae
Clade : Angiospermes
Clade : Eudicots
Clade : Rosidées
Clade : Malvidées
Ordre : Malvales
Famille : Cistaceae **(Juss., 1789)**
Genre : *Cistus* **L., (1753)**

2) Description botanique
- Sous-arbrisseau à port buissonnant, de 30-80 cm, peu odorant, vert, diffus, couvert de poils étoilés, non visqueux.
- Feuilles courtement pétiolées, ovales ou oblongues, tomenteuses.
- Fleurs de 4-5 cm, blanches, 1-4 au sommet de pédoncules axillaires penchés avant la floraison, non bractéolés, 2-4 fois plus longs que le calice.
- Sépales 5, ovales en cœur, tomenteux, ne recouvrant point la capsule.
- Pétales formant une corolle blanche, 1-2 fois plus longs que le calice.
- Style très court.
- Capsule pentagone, tronquée au sommet, un peu tomenteuse, plus courte que le calice.
- Graines presque lisses. Plante polymorphe.

3) Autres informations
- **Répartition** : Région méditerranéenne de l'Europe, de l'Asie et de l'Afrique.
- **Floraison** : Mars-Juin. **Lieux** : Forêts claires, broussailles, non calcifuge mais préfère les sols siliceux, très polymorphe **(Quézel et Santa, 1963)**.
- **Ecologie** : Bois et coteaux secs. Il affectionne les garrigues, maquis ouverts, forêts claires. Il se développe très rapidement après un incendie en repartant de sa souche ou par germination de ses graines. Il présente une bonne résistance à la sécheresse et supporte les gels légers. Plante peu inflammable **(Henaoui et *al.*, 2013)**.

Cistus ladanifer subsp. *africanus* (L.) Dans., (1951) « Ciste à gomme »

1) Systématique
Classification phylogénétique APG III (2009)
Règne : Plantae
Clade : Angiospermes
Clade : Eudicots
Clade : Rosidées
Clade : Malvidées
Ordre : Malvales
Famille : Cistaceae **(Juss., 1789)**
Genre : *Cistus* **L., (1753)**
Espèce : *Cistus ladanifer* **L., (1951)**
Sous-Espèce : *Cistus ladanifer* subsp. *africanus* **(L.) Dans., (1951)**
= *Cistus ladaniferus* subsp. *africanus* **(Curtis.) Dans., (1951)**

2) Description botanique
- Arbuste ou Arbrisseau dépassant souvent 1 mètre, pyrophyte, très odorant, verdâtre, à rameaux glutineux. La plante entière est recouverte de l'exsudat collant de résine odorante (Labdanum).
- Feuilles sessiles, collantes, opposées, lancéolées, vertes et glabres en dessus, tomenteuses-blanchâtres en dessous.
- Fleurs de 6-8 cm, blanches ou tachées de pourpre au-dessus de l'onglet, pédonculées, solitaires. Sépales 3, presque égaux, suborbiculaires, glabres, tuberculeux, plus longs que le pédoncule glabre. Pétales 3-4 fois plus longs que le calice. Style très court.
- Capsule subglobuleuse, tomenteuse, à 10 loges. Graines presque lisses.

3) Autres informations
- **Répartition** : Espagne, Portugal, Sicile, Algérie et Maroc.
- **Floraison** : Mai-Juin. **Lieux** : Forêts et broussailles, calcifuge **(Quézel et Santa, 1963)**.
- **Ecologie** : Bois et coteaux secs, dans la région méditerranéenne. Plante extrêmement inflammable **(Henaoui et al., 2013)**. C'est une plante particulièrement bien adaptée au climat méditerranéen continentale (Sécheresse estivale longue et le froid).
- **Synonymes** : *Cistus ladaniferus* **Curtis., (1790)** ; *Cistus mauritanicus* **Thib. ex Dunal., (1824)**.

Cistus albidus L., (1753) « Ciste blanchâtre »

1) Systématique
Classification phylogénétique APG III (2009)
Règne : Plantae
Clade : Angiospermes
Clade : Eudicots
Clade : Rosidées
Clade : Malvidées
Ordre : Malvales
Famille : Cistaceae **(Juss., 1789)**
Genre : *Cistus* **L., (1753)**

2) Description botanique
- Sous-arbrisseau de 40 cm à 1 mètre, pyrophyte, peu odorant, tomenteux-blanchâtre.
- Feuilles gris clair, sessiles, demi-embrassantes, non connées, oblongues-elliptiques, planes, entières sur les bords, très tomenteuses sur les 2 faces.
- Fleurs de 4-6 cm, chiffonnées, de couleur rose à rose-violacé, pédonculées, 1-4 en ombelle au sommet des rameaux. inflorescence en cyme unipare hélicoïde.
- Sépales 3, largement ovales-acuminés, velus.
- Pétales 2-3 fois plus longs que le calice.
- Style égalant les étamines.
- Capsule ovoïde, déhiscente, velue, plus courte que le calice, à 3 loges.
- Graines lisses.

3) Autres informations
- **Répartition :** Sardaigne, Italie, Baléares, Espagne, Portugal, Algérie.
- **Floraison :** Avril-Juin.
- **Lieux :** Broussailles des plaines et des basses montagnes **(Quézel et Santa, 1963)**.
- **Ecologie :** Garrigues et coteaux surtout calcaires, dans la région méditerranéenne, supportant bien une période d'aridité. Dans la région de Tlemcen (Nord-Ouest algérien), la famille des Cistaceae est représentée par 5 genres et 12 espèces **(Henaoui et Bouazza, 2012)**.

Catananche lutea L., (1753) « Catananche jaune, Cupidone jaune »

1) Systématique
Classification phylogénétique APG III (2009)
Règne : Plantae
Clade : Angiospermes
Clade : Eudicots
Clade : Astéridées
Clade : Campanulidées
Ordre : Astérales
Famille : Asteraceae **(Bercht & J.Presl., 1820)**
Sous-Famille : Cichorioideae
Tribu : Cichorieae
Sous-Tribu : Scolyminae
Genre : *Catananche* **L., (1753)**

2) Description botanique
La catananche présente des fleurs (ou fleurons) regroupées en capitules entourés d'un involucre de bractées. La principale caractéristique du genre est son involucre arrondi formé de bractées écailleuses et brillantes. Les feuilles supérieures, très petites, sont semblables aux bractées. Les feuilles inférieures sont très allongées et velues. Les fleurs sont toutes ligulées.
- Plante annuelle ou biannuelle, elle atteindre une hauteur de 10 à 40 centimètres.
- Feuilles caduques, vertes moyennes, simples, alternes, linéaires.
- Fleurs à multiples pétales de couleur jaune. Elles s'organisent seules, produisent des akènes.

3) Autres informations
- **Répartition :** Sardaigne, le sud d'Italie, l'est du bassin méditerranéen.
- **Lieux :** Lieux secs **(Quézel et Santa, 1963)**. **Floraison :** Avril-Juin. **Ecologie :** Cette plante pousse sur des sols secs à frais et préfère une exposition ensoleillée. Le substrat doit être limono-sableux, limono-graveleux ou argilo-sableux. Elle supporte des températures jusqu'á -18°C.

Catananche caerulea L., (1753) « Catananche bleue, Cupidone bleue »

1) Systématique
Classification phylogénétique APG III (2009)
Règne : Plantae
Clade : Angiospermes
Clade : Eudicots
Clade : Astéridées
Clade : Campanulidées
Ordre : Astérales
Famille : Asteraceae **(Bercht & J.Presl., 1820)**
Sous-Famille : Cichorioideae
Tribu : Cichorieae
Sous-Tribu : Scolyminae
Genre : *Catananche* **L., (1753)**

2) Description botanique
- Plante à tige érigée et mince, parfois ramifiée à la base, peut atteindre jusqu'à 70 cm (dont une bonne moitié pour le pédoncule floral).
- Les feuilles basales sont longues et étroites, presque linéaires.
- Capitule floral bleu-violet solitaire à l'extrémité du pédoncule.
- Fleurons ligulés à 5 dents.
- Involucre ovoïde : les bractées qui le composent sont blanches, sortes d'écailles translucides, chaque bractée ayant une strie centrale brune.
- Fruit : akène.

3) Autres informations
- **Répartition :** de l'Espagne jusqu'à L'Italie.
- **Floraison :** Juin-Septembre.
- **Lieux :** Régions montagneuses, Telle littoral, Plante polymorphe **(Quézel et Santa, 1963)**.
- **Ecologie :** Plante qui pousse sur prairies sèches, talus au bord des routes ou des chemins. Elle aime la chaleur, le soleil, les emplacements secs et caillouteux.

Chamaerops humilis L., (1753) « Palmier nain, Doum »

1) Systématique
Classification phylogénétique APG III (2009)
Règne : Plantae
Clade : Angiospermes
Clade : Monocots
Clade : Commelinidées
Ordre : Arécales
Famille : Arecaceae **(Bercht & J.Presl., 1820)** = Palmae **(Juss., 1789)**
Sous-Famille : Coryphoideae
Tribu : Corypheae
Genre : *Chamaerops* **L., (1753)**

2) Description botanique
Plante cespiteuse, dioïque (mais pas toujours), presque acaule à l'état sauvage, ne dépassant pas 2 mètres. Il se caractérise notamment par son tronc (stipe) drageonnant. Sa croissance lente favorise l'apparition de nombreux rejets à sa base à l'origine de son apparence en touffe. Les feuilles, disposées en rosette terminale, sont palmées en forme d'éventail de 90 cm de diamètre. Le pétiole, long et grêle (jusqu'à 1 de long), est très épineux. Le limbe est disséqué en 10 à 20 pseudo-folioles allongées et aiguës, raides et coriaces. Les feuilles sont vertes à la face supérieure et presque blanches en dessous. L'inflorescence est un spadice, entouré d'une spathe courte (30 cm de long), comprenant de nombreuses petites fleurs jaunâtres, mâles ou femelles. Les fleurs mâles ont de 6 à 9 étamines qui surmontent un calice charnu, les fleurs femelles comptent trois carpelles monocarpiques charnus. Les fruits sont des drupes oblongues de couleur brun rougeâtre à maturité, de longueur variable (de 2 à 5 cm).

3) Autres informations
Répartition : Sud de l'Europe (Baléares, Italie, Sardaigne, Sicile, Espagne, Portugal), Sud de la France et le Nord de l'Afrique (Maroc, Algérie, Tunisie, Libye). **Floraison :** Mai-Juillet. **Lieux :** Forêts, clairières, maquis et garrigues, Tell **(Quézel et Santa, 1963)**. **Ecologie :** Le Chamaerops est un élément typique du faciès le plus thermophile du maquis méditerranéen. Il est l'indicateur de l'étage de végétation méditerranéenne semi-aride. Là où il apparaît, il indique « un climat moins sec ». Le Doum manque complètement dans l'étage de végétation méditerranéenne aride. Il pousse dans des zones sèches, sur des terrains rocailleux ou sableux, du bord de mer jusqu'à 1 200 mètres d'altitude (au Maroc), dans un climat plutôt froid en hiver ; il préfère les expositions ensoleillées et est assez rustique. Il peut supporter des gelées brèves allant jusqu'à - 12 °C. Le palmier nain occupait d'importantes surfaces dans le Tell algérien. Sur le plan écologique, cette espèce est très utile pour lutter contre l'érosion et la désertification car elle se régénère naturellement après les incendies en émettant de nouveaux drageons. *Chamaerops humilis* var. *argentea* **André (Syn.** *C. humilis* var. *cerifera* **Becc.).** Feuilles grises. Atlas, Afrique du Nord. Réputé comme l'un des palmiers nain les plus rustiques. **Bioclimat :** semi-aride supérieur **(Henaoui et Bouazza, 2014 ; Benabadji et Bouazza, 2000)**.

Cerinthe major L., (1753) « Grand Cérinthe »

1) Systématique
Classification phylogénétique APG III (2009)
Règne : Plantae
Clade : Angiospermes
Clade : Eudicots
Clade : Astéridées
Clade : Lamiidées
Ordre : Non classé
Famille : Boraginaceae **(Juss., 1789)**
Genre : *Crinthe* **L., (1753)**

2) Description botanique
- Plante annuelle de 20-40 cm, à racine grêle pivotante, à tiges glabres.
- Feuilles très rudes, ciliées, ponctuées de tubercules blancs, les inférieures obovales-spatulées, les supérieures ovales-oblongues obtuses, embrassantes en cœur.
- Fleurs jaunes ou purpurines, assez grandes, en grappes courtes et serrées.
- Pédoncules courts, dressés à la maturité.
- Sépales oblongs-subaigus, ciliés.
- Corolle 1-2 fois plus longue que le calice, tubuleuse en massue, à dents courtes, larges, acuminées, recourbées.
- Anthères aussi longues que leur filet, à appendice court.
- Carpelles gros, presque carrés, lisses.
- Fruit : tétrakène.

3) Autres informations
- **Répartition :** Europe méditerranéenne, Afrique septentrionale.
- **Floraison :** Mars-Juin.
- **Lieux :** Champs, prairies, lieux humides **(Quézel et Santa, 1963)**.
- **Ecologie :** Champs pierreux ou sablonneux.
- **Synonyme :** *Cerinthe aspera* **Roth. (1797)**.

Cephalaria leucantha (L.) Schrad. ex Roem. & Schult., (1818)
« Céphalaire blanche »

1) **Systématique**

Classification phylogénétique APG III (2009)
Règne : Plantae
Clade : Angiospermes
Clade : Eudicots
Clade : Astéridées
Clade : Campanulidées
Ordre : Dipsacales
Famille : Caprifoliaceae **(Juss., 1789)**
Genre : *Cephalaria* **Roemer & Schultes., (1818)**

2) **Description botanique**
- Plante herbacée vivace d'environ 1 mètre, glabrescente, à souche ligneuse émettant de nombreuses tiges sillonnées, lisses, creuses. Feuilles glabres ou un peu hérissées, les caulinaires pennatiséquées, à segments dentés ou pennatifides, lancéolés ou linéaires.
- Fleurs blanches, en têtes globuleuses, larges de 2 cm, dressées.
- Folioles de l'involucre et paillettes du réceptacle scarieuses, pubérulentes, ovales, obtuses ou subaiguës, bien plus courtes que les fleurs.
- Calicule multidenté-cilié, atteignant la base du limbe velu du calice.
- Corolle à lobes extérieurs un peu plus grands.
- Anthères saillantes, blanches. Fruit : akène.

3) **Autres informations**
- **Distribution :** Europe méridionale, Asie occidentale, Afrique septentrionale.
- **Floraison :** Juillet-Septembre.
- **Ecologie :** Rochers calcaires et côteaux pierreux. **Synonyme :** *Scabiosa leucantha* **L., (1753)**
- **Lieux :** Rocailles, éboulis calcaire, Monts de Tlemcen, Ghar-Rouban **(Quézel et Santa, 1963)**.
- **Ex-Famille :** Dipsacées [Dipsacaceae **Juss., (1789)**].

Clematis flammula L., (1753) « Clématite brûlante, Clématite odorante »

1) Systématique

Classification phylogénétique APG III (2009)
Règne : Plantae
Clade : Angiospermes
Clade : Eudicots
Ordre : Ranunculales
Famille : Ranunculaceae **(Juss., 1789)**
Genre : *Clematis* **L., (1753)**

2) Description botanique
- Plante ligneuse, grimpante, vigoureuse (2 à 5 m), à tige sarmenteuse, grêle, pleine, presque glabre.
- Feuilles bipennées, à 3-7 folioles assez petites, ovales ou lancéolées, entières ou rarement trilobées, à saveur brûlante.
- Fleurs blanches, en panicule lâche. Inflorescence : cyme bipare.
- Sépales pubescents en dehors, glabres en dedans. Pétales nuls.
- Anthères grandes, égalant le filet. Réceptacle glabre.
- Carpelles très comprimés à arête brumeuse assez courte. Varie à feuilles bi-tripennées à folioles linéaires (*C. maritima* **L., 1753**). Fruit : petites akènes.

3) Autres informations
- **Distribution :** Depuis le Portugal jusqu'en Perse.
- **Floraison :** Juin-Août.
- **Ecologie :** Matorrals mésoméditerranéens, héliophiles, neutroclines.
- **Lieux :** Toute l'Algérie littorale **(Quézel et Santa, 1963)**.

Cytisus infestus (C.Presl) Guss., 1828
subsp. *intermedius* (Salzm. ex C. Presl) Cristof. & Troìa
« Calycotome intermédiaire, Guendoul »

1) Systématique
Classification phylogénétique APG III (2009)
Règne : Plantae
Clade : Angiospermes
Clade : Eudicots
Clade : Rosidées
Clade : Fabidées
Ordre : Fabales
Famille : Fabaceae **(Lindl., 1836)**
Sous-Famille : Faboideae
Tribu : Genisteae
Genre : *Cytisus* **(Desf., 1798)** = *Calicotome* **Link., (1808)**
Section : *C*. sect. *Calicotome*
Espèce : *Cytisus infestus* **(C.Presl) Guss., (1828)**
 = *Calicotome intermedia* = *Cytisus intermedius* **(Salzm. ex Steud) C.Prel., 1845**
Sous-Espèce : *Cytisus infestus* subsp. *intermedius* **(Salzm. ex C. Presl) Cristof. & Troìa**
 = *Calicotome villosa* **(Poir.) Link., 1808** subsp. *intermedia* **(Salzm. ex Steud) Maire**

2) Description botanique
Les genêts comprennent un certain nombre d'arbrisseaux ou de sous arbrisseaux de la famille des fabacées. Le calycotome est un genêt à tiges élancées et écartées, formant des buissons qui peuvent atteindre 2 mètres de hauteur. Son rameau est vert, puis brun en vieillissant, et se termine en épine. Les feuilles sont composées, de 3 folioles ovales. Elles sont petites peu nombreuses et caduques. Les fleurs apparaissent dès la fin de l'hiver. Elles sont jaunes, groupées et très nombreuses. Les fruits sont des gousses aplaties, longues de 3 à 4 cm, contenant 3 à 8 graines.

3) Autres informations
Répartition : Europe méditerranéenne méridionale (Espagne), Asie occidentale, Afrique du Nord. **Floraison :** Mars-Juin. **Lieux :** Terrain calcaire, Tell oranais **(Quézel et Santa, 1963)**. **Ecologie :** Le calycotome préfère les sols siliceux. Lorsqu'on le rencontre dans la garrigue, c'est le signe d'une certaine pauvreté en calcaire et la dégradation du milieu. On le trouve dans les forêts de pin maritime, dans les subéraies et le maquis qu'il contribue à rendre difficilement pénétrable. C'est une plante toxique. **Synonyme :** *Calicotome villosa* **(Poir.) Link., 1808** = *Cytisus lanigerus* **(Desf.) D.C., 1805**. **Ex-Famille :** Papilionacées. **Bioclimat :** semi-aride supérieur **(Henaoui et Bouazza, 2014 ; Benabadji et Bouazza, 2000)**.

Dactylis glomerata L., (1753) « Dactyle pelotonné »

1) Systématique
Classification phylogénétique APG III (2009)
Règne : Plantae
Clade : Angiospermes
Clade : Monocots
Clade : Commelinidées
Ordre : Poales
Famille : Poaceae **(R.Br.) Barnh., 1895**
Sous-Famille : Pooideae
Tribu : Poeae
Genre : *Dactylis* **L., (1753)**

2) Description botanique
- Plante herbacée vivace de 20 cm à 1 mètre et plus, glabre, à souche fibreuse gazonnante, formant des touffes. Tiges dressées ou arquées à la base, longuement nues au sommet.
- Feuilles écartées, non distiques, planes ou caniculées, ont un limbe relativement large, de couleur vert-bleuâtre. Gaines comprimées. Ligule est assez longue et échancrée, oblongue, déchirée. La préfoliaison est pliée et la gaine est aplatie. L'inflorescence ramifiée, assez caractéristique, est formée de groupes d'épillets rassemblés en glomérules serrés. Panicule rameuse, lobée, à rameaux inférieurs souvent longuement nus et étalés. Epillets longs de 5-6 mm à 3-6 fleurs. Glumes et glumelles à carène ciliée. Stigmates latéraux.
- Caryopse oblong, à face interne canaliculée. Varie à feuilles glauques, panicule spiciforme dense, glumelle échancrée en deux lobes arrondis (*D. hispanica* **Roth.**).

3) Autres informations
- **Répartition** : Afrique du Nord, Europe, Asie occidentale et centrale.
- **Ecologie** : Prés, bois, pâturages et friches. Généralement sur les sols riches en azote et ensoleillés.
- **Lieux** : Forêts, pâturages, broussailles, du littoral à l'Atlas saharien **(Quézel et Santa, 1963)**.
- **Floraison** : Avril-Septembre. **Ex-Famille** : Graminées.

Daphne gnidium L., (1753) « Daphné garou »

1) Systématique
Classification phylogénétique APG III (2009)
Règne : Plantae
Clade : Angiospermes
Clade : Eudicots
Clade : Rosidées
Clade : Malvidées
Ordre : Malvales
Famille : Thymelaeaceae **(Juss., 1789)**
Genre : *Daphne* **L., (1753)**

2) Description botanique
- Arbrisseau de 60 cm à 1-2 mètres, hermaphrodite, à tiges dressées, à rameaux effilés, cylindriques, lisses, bruns, pubérulents au sommet, feuilles dans toute leur longueur.
- Feuilles glabres, subcoriacés, persistantes pendant un an, longues de 3-4 cm sur 3-7 mm, lancéolées-linéaires, uninervées.
- Fleurs blanches, odorantes, la plupart caduques, pédicellées, disposées en panicule terminale, à pédoncules et pédicelles blancs-tomenteux. Inflorescence : racème simple.
- Périanthe blanc-soyeux, à lobes ovales un peu plus courts que le tube.
- Baie nue, ovoïde, rouge orangé.

3) Autres informations
- **Répartition :** Région méditerranéenne.
- **Ecologie :** Matorrals méditerranéens. Le Garou est un arbuste des garrigues méditerranéennes et des sables atlantiques. On le trouve dans les lieux arides et sablonneux.
- **Lieux :** Forêts, garrigues, broussailles, Tell **(Quézel et Santa, 1963)**.
- **Floraison :** Mars-Octobre.

Dianthus broteri Boiss. & Reut., (1852) « Œillet »

1) Systématique
Classification phylogénétique APG III (2009)
Règne : Plantae
Clade : Angiospermes
Clade : Eudicots
Clade : Rosidées
Clade : Caryophyllidées
Ordre : Caryophyllales
Famille : Caryophyllaceae **(Juss., 1789)**
Tribu : Caryophylleae
Genre : *Dianthus* **L., (1753)**

2) Description botanique
- Plante herbacée vivace cespiteuse et suffrutescente (haut : 25-60 cm), lâchement poilues et rugueuses. Tiges tuftés jusqu'à 65 cm, ramifiée.
- Feuilles opposées, entières, sans stipules, linéaires-lancéolées (long : 30-80 mm, large : 1-5 mm), à l'apex aigu, soudées à la base formant une courte gaine entourant la tige.
- Fleurs hermaphrodites, actinomorphe, pentamères, au calice cylindrique (long : 25-35 mm), aux pétales roses ou blanches avec des tâches roses, elliptiques à obovaux (long : 12-15 mm), aux marges fimbriées, groupées par 1-5 en cymes terminales lâches.
- Fruit : Capsule cylindrique déhiscente.

3) Autres informations
- **Répartition :** Europe (Espagne et Portugal), Asie et Afrique du Nord.
- **Ecologie :** Endroits rocheux, pierreux et matorrals, en particulier sur le calcaire.
- **Lieux :** Pâturages rocailleux des montagnes. Plante variable **(Quézel et Santa, 1963)**.
- **Floraison :** Mars-Août.
- **Synomyme :** *Dianthus serrulatus* **Desf., (1798)**.

Delphinium peregrinum L., (1753) « Dauphinelle voyageuse »

1) Systématique
Classification phylogénétique APG III (2009)
Règne : Plantae
Clade : Angiospermes
Clade : Eudicots
Ordre : Ranunculales
Famille : Ranunculaceae **(Juss., 1789)**
Genre : *Delphinium* **L., (1753)**

2) Description botanique
- Plante herbacée annuelle ou bisannuelle, fluette, à tiges ramifiées, poilues.
- Feuilles alternes, les inférieures divisées palmatipartites, à segments étroitement lancéolés, les supérieures entières, glabres.
- Fleurs à symétrie bilatérale, bleu violacé, de 12 à 20 mm de long, à éperon arqué, tourné vers le haut, plus long que les sépales. Pédicelle glabre ou presque glabre. Etamines nombreuses. Ovaire supère.
- Fruits, follicules formés de 3 carpelles généralement velus.

3) Autres informations
- **Répartition :** Afrique subtropicale (Afrique du Nord : Algérie, Maroc, Tunisie, Lybie), Europe méridionale (du Portugal jusqu'en Grèce), Asie tempérée (Liban, Chypre, Turquie, Palestine, Iran, Irak).
- **Ecologie :** Friches, terrains cultivés, coteaux herbeux et rocailleux jusqu'à 1200 m.
- **Lieux :** Pâturages, broussailles, Tell **(Quézel et Santa, 1963)**.
- **Floraison :** Mai-Septembre.
- **Synomyme :** *Delphinium verdunense* **Balb., (1813)** ; *Delphinium halteratum* **Sm., 1809**.

Daucus carota L., (1753) « Carotte »

1) Systématique
Classification phylogénétique APG III (2009)
Règne : Plantae
Clade : Angiospermes
Clade : Eudicots
Clade : Astéridées
Clade : Campanulidées
Ordre : Apiales
Famille : Apiaceae **(Lindl., 1863)**
Sous-Famille : Apioideae
Tribu : Scandiceae
Sous-Tribu : Daucinae
Genre : *Daucus* **L., (1753)**

2) Description botanique
- Plante herbacée bisannuelle de 30-80 cm, à rameaux étalés, à racine pivotante, orange, épaisse et allongée.
- Feuilles sont profondément divisées et couvertes de poils, molles, les inférieures oblongues, bipennatiséquées, à segments ovales ou oblongs, incisés-dentés.
- Fleurs blanches, de petite taille, sont regroupées en ombelles composées. Ces ombelles ont de 30 à 40 rayons, généralement incurvés vers le sommet. La fleur centrale, relativement plus grande, est rouge pourpre, ce qui distingue les ombelles de carottes au premier coup d'œil. Les fleurs extérieures ont des pétales inégaux, ceux situés vers l'extérieur étant relativement plus grands pour attirer les insectes pollinisateurs.
- Ombelles grandes, à 20-40 rayons grêles, arqués-convergents à la maturité.
- Involucelle à folioles linéaires-acuminées, membraneuses au bord, entières ou trifides.
- Fruit sont des diakènes, ellipsoïde, à aiguillons en alêne, distincts à la base participant à leur dissémination par les animaux.

3) Autres informations
- **Répartition :** Europe, Asie occidentale et centrale, Sibérie, Afrique septentrionale.
- **Ecologie :** Champs et coteaux.
- **Floraison :** Mai-Octobre.

Echium vulgare L., (1753) « Vipérine commune »

1) Systématique
Classification phylogénétique APG III (2009)
Règne : Plantae
Clade : Angiospermes
Clade : Eudicots
Clade : Astéridées
Clade : Lamiidées
Ordre : Non classé
Famille : Boraginaceae **(Juss., 1789)**
Genre : *Echium* L., (1753)

2) Description botanique
- Plante herbacée bisannuelle de 30-80 cm, verte, hérissée de poils raides, étalés, espacés, faiblement tuberculeux. Tige dressée, ordinairement très rameuse.
- Feuilles hispides, oblongues-lancéolées, les inférieures pétiolées, à 1nervure, les autres sessiles, aiguës.
- Fleurs bleues ou violacées, assez grandes, en grappes formant une panicule oblongue généralement étroite. Type d'inflorescence : racème de cymes unipares scorpioïdes.
- Calice hispide, à lobes linéaires, dressés. Corolle de 12-18 mm, à tube inclus dans le calice, à limbe élargi et irrégulier, 1-2 fois aussi longue que le calice.
- Etamines saillantes, à filets glabres. Carpelles de 2 mm, brièvement tuberculeux. Varie à étamines incluses, fleurs petites (*E. wierzbickii* **Hab.**). Fruit : akène.

3) Autres informations
- **Répartition :** Europe, Asie occidentale, Algérie.
- **Ecologie :** Elle apprécie les sols maigres (peu profonds voire caillouteux) à tendance calcaire.
- **Floraison :** Mai-Août.

Euphorbia helioscopia L., (1753) « Euphorbe réveil-matin »

1) Systématique

Classification phylogénétique APG III (2009)
Règne : Plantae
Clade : Angiospermes
Clade : Eudicots
Clade : Rosidées
Clade : Fabidées
Ordre : Malpighiales
Famille : Euphorbiaceae **(Juss., 1789)**
Sous-Famille : Euphorbioideae
Tribu : Euphorbieae
Genre : *Euphorbia* L., (1753)

2) Description botanique
- Plante herbacée annuelle (ou bisannuelle), monoïque, toxique, thérophyte, de taille variable (10 à 50 cm), à racine pivotante, en ombelle à 5 rayons et à tige fréquemment unique.
- Les feuilles, obovales en coin, sont arrondies et finement dentées au sommet.
- Tige dressée ou ascendante, souvent unique.
- Fleurs jaunes. Les ombelles forment une couronne régulière à 5 rayons, divisée en 3, puis 2. Glandes ovales et entière. Inflorescence : Cyathe.
- Capsule à 3 coques, lisse, de 3 mm de diamètre.

3) Autres informations
- Helioscopia "qui regarde le soleil", dérivé du grec, fait allusion à l'ombelle qui se déploie tôt le matin, face au soleil.
- **Répartition :** Cosmopolite.
- **Floraison :** Avril-Décembre.
- **Ecologie :** Plantes annuelles commensales des cultures sarclées basophiles, médioeuropéennes, mésothermes.
- **Lieux :** Cultures, chemins **(Quézel et Santa, 1963)**.

Erodium moschatum (L.) L'Hér. (1789) « Bec de Cigogne musqué »

1) Systématique

Classification phylogénétique APG III (2009)
Règne : Plantae
Clade : Angiospermes
Clade : Eudicots
Clade : Rosidées
Ordre : Geraniales
Famille : Geraniaceae **(Juss., 1789)**
Genre : *Erodium* **L'Hér. (1789)**

2) Description botanique
- Plante annuelle ou bisannuelle, plus ou moins velue-glanduleuse, à forte odeur de musc. Tiges de 10-40 cm, robustes, étalées-ascendantes.
- Feuilles longues, pennatiséquées, à segments écartés, ovales, incisés-dentés, subpétiolés.
- Fleurs d'un rouge lilas, 4-8 en ombelles sur de longs pédoncules.
- Bractéoles ovales-aiguës, non acuminées. Sépales brièvement mucronés. Pétales égalant ou dépassant peu le calice, égaux, entiers.
- Filets des étamines glabres, les fertiles dilatés et bidentés à la base. Bec long de 34 cm. Arêtes à 8-10 tours de spire. Fruit : méricarpe.

3) Autres informations
- **Répartition** : Europe centrale et méridionale, Asie occidentale, Afrique septentrionale.
- **Floraison** : Avril-Séptembre.
- **Ecologie** : Bords des chemins, décombres.
- **Lieux** : Toute l'Algérie **(Quézel et Santa, 1963)**.

Erica arborea L., (1753) « Bruyère arborescente »

1) Systématique

Classification phylogénétique APG III (2009)
Règne : Plantae
Clade : Angiospermes
Clade : Eudicots
Clade : Asteridées
Ordre : Ericales
Famille : Ericaceae **(Juss., 1789)**
Sous-Famille : Ericoideae
Genre : *Erica* **L.**

2) Description botanique
- Arbrisseau de 1-3 mètres, à tiges dressées, très rameuses, à rameaux blanchâtres, couverts de poils inégaux, la plupart rameux.
- Feuilles verticillées par 3-4, longues de 3-4 mm, linéaires-étroites, marquées d'un sillon en dessous, glabres.
- Fleurs blanches, odorantes, en grandes panicules pyramidales.
- Pédoncules plus longs que les fleurs, bractéoles vers la base.
- Calice à lobes obtus, 2 fois plus courts que la corolle. Celle-ci petite (3 mm), en cloche ovoïde, divisée jusqu'au milieu en lobes obtus.
- Anthères incluses, munies de 2 cornes. Stigmate en bouclier, peu saillant. Fruit sec, capsule.

3) Autres informations
- **Répartition** : Europe méditerranéenne, Asie occidentale, Afrique septentrionale.
- **Floraison** : Mars-Mai.
- **Ecologie** : Bois et coteaux siliceux. Maquis ou garrigue haute et fermée : matorrals mésoméditerranéens, héliophiles, acidoclines.
- **Lieux** : Forêt, garrigue, Tell **(Quézel et Santa, 1963)**.

Erica multiflora L., (1753) « Bruyère à fleurs nombreuses »

1) Systématique

Classification phylogénétique APG III (2009)
Règne : Plantae
Clade : Angiospermes
Clade : Eudicots
Clade : Asteridées
Ordre : Ericales
Famille : Ericaceae **(Juss., 1789)**
Sous-Famille : Ericoideae
Genre : *Erica* **L.**

2) Description botanique
- Sous-arbrisseau de 30-80 cm, glabre, à tiges tortueuses, à rameaux dressés, les jeunes pubérulents.
- Feuilles verticillées par 4-6, longues de 8-10 mm, linéaires-obtuses, marquées d'un sillon en dessous, glabres et épaisses.
- Fleurs roses, subverticillées, en grappes terminales compactes. Pédoncules filiformes, 2-3 fois aussi longs que les fleurs.
- Calice à lobes oblongs-lancéolés, glabres, égalant presque la moitié de la corolle. Celle-ci en cloche oblongue (5 mm), 2 fois aussi longue que large.
- Anthères saillantes, à loges écartées au sommet, sans cornes. Style saillant. Capsule glabre.

3) Autres informations
- **Répartition** : Espagne, Baléares, Sardaigne, Italie, Sicile, Dalmatie, Afrique septentrionale.
- **Floraison** : Août-Décembre.
- **Ecologie** : Bois et coteaux secs de la région méditerranéenne. Espèce hydrophile, héliophile sur sols basiques à légèrement acides (altérites calcaires, dolomitiques, marneuses voire parfois siliceuses).
- **Lieux** : Garrigues, Littoral **(Quézel et Santa, 1963)**.

Références Bibliographiques

1) Sites internet :

http://www.tela-botanica.org/

http://www.ipni.org/

http://inpn.mnhn.fr/

http://www.plantes-botanique.org/

http://www.theplantlist.org/

http://www.fleursdusud.fr/

http://www.actaplantarum.org/

http://apps.kew.org/

http://www.botanique.org/

http://sophy.u-3mrs.fr/

http://www.mobot.org/

http://www.ville-ge.ch/musinfo/bd/cjb/africa/index.php?langue=an

2) Ouvrages et publications internationales :

- **Benabadji N. et Bouazza M. (2000)** - Contribution à une étude bioclimatique de la steppe à *Artemisia herba-alda* Asso. dans l'Oranie (Algérie occidentale). Revue Sécheresse. 11 (2) : 117 – 123.
- **Beniston NT. et Beniston WS. (1984)** – Fleurs d'Algérie. Entreprise Nationale du Livre. Alger. 359 p.
- **Brickell C. (2003)** - RHS A-Z Encyclopedia of Garden Plants. Third edition. Dorling Kindersley, London. ISBN 0-7513-3738-2.
- **Damerdji A. (2012)** – Les orthoptéroïdes sur différentes plantes dans la région de Tlemcen (Algérie). Afrique Science 08(3) : 82 – 92. ISSN 1813-548X.
- **Erhardt W., Götz E., Bödeker N. et Seybold S. (2008)** - Der große Zander. Eugen Ulmer KG, Stuttgart. ISBN 978-3-8001-5406-7.
- **Gaston B. et Douin R. (1990)** – La grande flore en couleurs (la flore de France). Edit. Berlin. Tome I, II, III, IV, Index. Paris. France.
- **Henaoui S.E-A. et Bouazza M. (2012)** - The current state of the plant diversity in the Tlemcen region (Northwest Algeria). Open Journal of Ecology, 2: 244-255. doi: 10.4236/oje.2012.24028
- **Henaoui S.E-A. et Bouazza M. (2014)** - The bioclimate of Tlemcen area (Northwest Algeria). International Journal of Advanced Research, 2: 669 – 693.
- **Henaoui S.E-A., Bouazza M. et Amara M. (2013)** – The fire risk of the plant groupings with *Cistus* in the area of Tlemcen (Western Algeria). European Scientific Journal October 2013 edition vol.9, No.29, ISSN: 1857 – 7881 (Print) e - ISSN 1857- 7431. pp: 84-103.
- **Linné C.V. (1753)** - Species plantarum. Volume 1 et 2. Impensis G. C. Nauk. 1797 p. et 719 p.
- **Ozenda P. (1977)** - Flora of the Sahara. 2nd edition, C.N.R.S. Paris. 622 p.
- **Quézel P. et Santa S. (1963)** – Nouvelle flore d'Algérie et des régions désertiques Méridionales. *Paris. C.N.R.S., 2Vol.* 1170 p.
- **Rameau J. C. et Dumé G. (2008)** - Flore forestière française, vol. 3, Région méditerranéenne, Forêt privée française. 2426 p. ISBN 2904740937. 1151 p.

Oui, je veux morebooks!

I want morebooks!

Buy your books fast and straightforward online - at one of the world's fastest growing online book stores! Environmentally sound due to Print-on-Demand technologies.

Buy your books online at

www.get-morebooks.com

Achetez vos livres en ligne, vite et bien, sur l'une des librairies en ligne les plus performantes au monde!
En protégeant nos ressources et notre environnement grâce à l'impression à la demande.

La librairie en ligne pour acheter plus vite

www.morebooks.fr

OmniScriptum Marketing DEU GmbH
Heinrich-Böcking-Str. 6-8
D - 66121 Saarbrücken

Telefax: +49 681 93 81 567-9

info@omniscriptum.de
www.omniscriptum.de

Printed by Books on Demand GmbH, Norderstedt / Germany